乔治·伽莫夫（George Gamow, 1904—1968）（张武昌绘）

The New World of Mr Tompkins

# 物理世界奇遇记

## （纪念版）

〔美〕乔治·伽莫夫
〔英〕罗素·斯坦纳德 著

吴伯泽 译

科学出版社

北京

图字：01-2008-1074 号

## 内 容 简 介

  《物理世界奇遇记》是当今世界最具影响力的科普经典名著之一，由科学出版社引进出版后，曾在国内引起很大反响，直接影响了众多科普工作者。本书以生动的语言介绍了 20 世纪以来科学的一些重大进展。全书图文并茂、幽默生动、深入浅出，适合中等以上文化水平的广大读者阅读。

**图书在版编目（CIP）数据**

  物理世界奇遇记：纪念版 ／（美）乔治·伽莫夫（George Gamow），（英）罗素·斯坦纳德（Russell Stannard）著；吴伯泽译. -- 北京：科学出版社，2024.9. --（20 世纪科普经典特藏）. -- ISBN 978-7-03-079007-1

  Ⅰ. O4-49

  中国国家版本馆 CIP 数据核字第 202404598M 号

责任编辑：付 艳 常春娥 崔文燕／责任校对：张小霞
责任印制：徐晓晨／封面设计：润一文化

**科 学 出 版 社** 出版
北京东黄城根北街 16 号
邮政编码：100717
http://www.sciencep.com

三河市骏杰印刷有限公司印刷
科学出版社发行 各地新华书店经销

\*

2024 年 9 月第 一 版 开本：720×1000 1/16
2024 年 9 月第一次印刷 印张：17 1/4 插页：1
字数：240 000
定价：58.00 元
（如有印装质量问题，我社负责调换）

# 编　者　按

伽莫夫生于 1904 年，是杰出的物理学家、天文学家和科普作家。他一生致力于科学普及工作，他的科普作品以生动有趣的方式让大众了解深奥的物理学知识。《物理世界奇遇记》作为他的代表作之一，通过生动的故事和形象的比喻，激发了无数读者对科学的兴趣。推出纪念版有助于继续传承这种科普精神，鼓励更多人关注科学、热爱科学。

在这个科技日新月异的时代，物理学作为自然科学的基石，其深邃与广博不断激发着人类探索未知的勇气与智慧。值此伽莫夫诞辰 120 周年之际，我们满怀敬意地推出《物理世界奇遇记（纪念版）》，旨在以全新的面貌，引领广大读者踏上一场穿越物理世界的奇幻之旅。

《物理世界奇遇记》自问世以来，便以其独特的叙事风格、生动的科学故事和深入浅出的物理讲解，赢得了全球读者的喜爱与赞誉。它不仅是一部科普佳作，更是一座连接科学与大众、知识与想象的桥梁。此次推出的纪念版，在保留原著精髓的基础上，进行了精心的编排与设计，力求为读者带来更加丰富的阅读体验和更深的思考启迪。

我们相信，《物理世界奇遇记（纪念版）》的推出，不仅是对伽莫夫科学精神与科普贡献的一次致敬，更是对当代社会科普教育需求的一次积极响应。它将以独特的魅力，吸引更多读者走进物理学的殿堂，感受科学的魅力与力量。

在此，我们诚挚邀请广大读者朋友，一同踏上这场探索物理世界的奇幻之旅。让我们在伽莫夫的引领下，穿越量子迷雾，探索宇宙奥秘，领略物理学的无尽风光。相信在这次旅途中，每一位读者都能收获满满的知识与感悟，激发对科学的无限热爱与追求。

最后，我们期待《物理世界奇遇记（纪念版）》能够成为连接科学与大众、知识与梦想的桥梁，为推动我国科普事业的繁荣发展贡献一份力量。让我们携手共进，共创科学普及的美好未来！

# 经典的启示

从社会的角度看，有些大科学家科普的成就，可能比研究的贡献影响还要大。海洋生物学家卡逊写的科普作品《寂静的春天》，唤醒了世界的环境保护意识，成为半世纪来可持续发展运动的先锋。物理学家伽莫夫享誉全球，但大家知道最多的是他的科普作品《物理世界奇遇记》，而不是他参与创立的宇宙起源理论。

我国的科学界，本来就有文理兼修的优良传统。中国科学社创始人之一赵元任，你没法说他究竟是物理学家还是语言学家；我国地质学泰斗尹赞勋，1940年亲自编写过中国地质学会会歌"大哉我中华"。当前我国文理分隔的局面，是培养创新人才的一大障碍。有鉴于此，我在朋友们的支持下，两度在同济大学开设了"科学与文化"的大课，课程本身就是集教育与科普于一身。尤其是到了今年，通过网站为媒，直接进入了社会科普的领域，产生了意想不到的巨大社会效果。

科学在中国发展到今天，面临着两个转型：一方面在国际上要从发展中国家的原料输出型，转为发达国家的深加工型；另一方面在国内，一个作为进入小康的社会，也正在转化为科学普及型。我们高兴地看到，科普正在变成新的消费需求，新兴的科普产业提出了更高的质量要求，从一个新的侧面推进着科学与文化的结合。

华夏文化不能永远"啃老"，不能总是打孔子牌。只有将现代科学融

入传统文化，创造出能够与汉唐盛世比美的新一代作品，才能为华夏振
兴提供立足国际的软实力。

汪品先
中国科学院院士、同济大学教授

# 译 者 前 言

## 吴伯泽

本书是著名美国物理学家、宇宙学家兼科普作家乔治·伽莫夫（George Gamow）和英国科普作家罗素·斯坦纳德（Russell Stannard）"合作"的成果。

伽莫夫 1904 年生于俄国，1928 年在苏联列宁格勒大学获得物理学博士学位，1928～1931 年先后在丹麦哥本哈根大学和英国剑桥大学师从著名物理学家玻尔和卢瑟福进行研究工作，1931 年回国任列宁格勒大学教授。当时，自命为"坚持唯物主义"的李森科学派正称霸科学界，不仅与李森科持不同看法的著名遗传学家瓦维洛夫神秘地失踪，就连物理学界也受到巨大的冲击：凡是支持爱因斯坦的相对论和海森伯的测不准原理的人，都一律被视为异端。在这种恶劣的环境下，伽莫夫觉得在祖国已无发展前途，而且随时有生命危险，终于在 1933 年借一次物理学国际会议之机离开苏联，并于 1934 年移居美国，直至 1968 年卒于科罗拉多州的博尔德。

伽莫夫是一位兴趣很广的天才。他早年在核物理研究中就已取得出色的成绩。其后，他又在宇宙学上同勒梅特一起提出宇宙生成的大爆炸理论，在生物学上首先提出"遗传密码"概念，这两者目前都已得到科学界的公认。

应该特别指出的是，伽莫夫非常重视普及科学知识的工作。他移居美国以后，发现美国虽然经济发达，但许多人对 20 世纪初的科学成就，特别是当时刚出现不久的相对论、量子论和原子结构理论，都一无所知。因此，他决定在从事教学和研究工作之余，动笔向普通读者介绍这些新生事物。从 1938 年起，他在英国剑桥大学出版社的支持下，发表了一系列有点离奇的科学故事。这些故事的主人公汤普金斯先生——一个只知数字而不懂科学的银行职员——通过聆听科学讲座和梦游物理奇境，初步了解了相对论和量子论的内容。1940 年，他把第一批故事汇集成他的第一部科普著作《汤普金斯先生身历奇境》出版；1944 年又把其后的故事汇集成《汤普金斯先生探索原子世界》一书。这两本书出版后，深受读者欢迎，几乎年年重印。1965 年，伽莫夫为了补充介绍新的物理学进展，也为了使作品的内容更紧凑、价格更容易被读者接受，便把上述两书合并、补充、改写，以平装书的形式出版。由于当时汤普金斯先生在英美等国已成为家喻户晓的人物，而前两本书又都以精装本的形式出版，所以伽莫夫给这本廉价的新版本起了个有趣的书名《平装本里的汤普金斯先生》（*Mr Tompkins in Paperback*）（考虑到我国读者对汤普金斯先生并不熟悉，很难从这个书名获得必要的信息，我便擅自根据其内容，把书名译为《物理世界奇遇记》）。从 1938 年开始塑造汤普金斯先生这个人物形象，到 1967 年对这本书进行最后一次修订，伽莫夫不遗余力，倾注了他对科普工作的全部热情，因此可以说，在伽莫夫的众多科普作品（如《从一到无穷大》《太阳的生与死》等）当中，这本书是最为成功，也是最有代表性的。它不仅吸引了无数普通读者，而且受到了科学界的普遍重视，被译成多种文字出版。

1968 年伽莫夫不幸逝世，但这本书却仍然以极强的生命力继续发挥其积极的作用，直到 20 世纪 90 年代后期，依旧是年年或隔年重印一次。但是，在流逝的 30 年里，整个世界和物理学毕竟都有了巨大的变化，使本书的部分内容显得陈旧。例如，在伽莫夫撰写本书时，他所坚持的宇宙"大爆炸"理论与其对立面"定态宇宙理论"还处于相持不下的阶段，而目前所有的实验证据都说明"大爆炸"理论已是得胜的一方。又如，当时伽莫夫同许多物理学家一样，认为质子和中子是不可再分的基本粒子，但是，夸克和胶子的发现已经推翻了这种看法。因此，剑桥大学出版社终于认识到，只有对本书的内容进行全面的更新增订，才能使它继续"活下去"；并且约请英国著名科普作家斯坦纳德从事这项工作（关于工作的详情，斯坦纳德在其前言中已作了介绍，这里不再赘述）。于是，1999 年便出现了目前这个最新版，书名改为《汤普金斯先生的新大陆》（ *The New World of Mr Tompkins* ）。（由于同样的原因，我把它译为《物理世界奇遇记·最新版》）可以说，这个最新版概括了整个 20 世纪物理学和宇宙学的全部研究成果。

我第一次接触本书，是在 1977 年年初。提到这件事，我必须感谢当时主持科学出版社编辑部工作的林自新先生，是他建议我翻译本书并审读了全部译稿，才使中译本得以顺利地在 1978 年出版。当时的译本印刷过两次，总发行量达 60 万册，其受我国读者欢迎的程度，由此可见一斑。在此，我由衷地向他表示最深切的谢意！

2000 年春节于北京

# 中译本前言

## 罗素·斯坦纳德

在物理学工作者当中，从来没有读过汤普金斯先生历险故事的人大概为数不多。虽然这些故事本来是为物理学的门外汉编撰的，但是，作者伽莫夫对现代物理学的精辟介绍却具有持久不衰的普遍魅力。我自己就一直非常喜欢汤普金斯先生。因此，我十分乐意应邀对本书进行增订。

显然，本书早就应该有个新版本了。从本书最后一次修订以来的 30 年里，特别是在宇宙学和高能核物理学的领域中，发生的事情实在是太多了。不过，在重读这本书的时候，我发现需要注意修改的并不仅仅是物理学方面的问题。

例如，当前好莱坞的产品已经不能再被看作"那些出名影星之间没完没了的罗曼史"了。还有，在介绍量子理论时，难道可以抛开我们今天对濒危物种的关注而去介绍怎样射杀老虎吗？而让教授的女儿慕德热衷于投入《时髦》的旋涡，想要一件可爱的貂皮大衣，并且一提及物理学就说什么"姑娘们，快跑啊!"这又是怎么回事？当下，我们努力劝说女孩子去学习物理学，书中这些内容就很难传达正确的讯息。

其次，在故事情节方面也有一些问题。虽然伽莫夫因他那别开生面的、通过一个故事来介绍物理学的一个方面的方法而获得很高的声誉，但是，在实际-中把故事情节串在一起时却总是存在一些缺点。例如，汤普金斯先生老是一再从他的梦中学到新的物理学知识，但是此前，在真实生活场景，例如教授的讲座或交谈中，他从未接触到（即使是下意识地）这些知识。

就拿他去海滨度假的例子来说吧!他在火车上睡着了，梦见教授同他在一起旅行。后来才发现，教授确实是同他在一起度假，于是汤普金斯先生便生怕教授想起他在火车上——也就是在他的梦里——表现得多么愚蠢!

有时，书中的物理解释并没有达到可以达到的清晰程度。例如，在讨论从相对论的观点看无法确定发生在不同地点的事件的同时性时，书中描述了处在两艘宇宙飞船上的观察者需要比较其观察结果的情形。但是，这时并没有采用这两个参考系之一的观点，而是从两艘飞船在其中飞行的第三个未得到认可的参考系去提出问题。同样，用站长被枪杀时那个售票员看来正在站台的另一端读报这个解释，事实上是不能像书中所说的那样，证明那个售票员无罪的（这个描述必须排除掉那个售票员先开枪、然后坐下读报的可能性）。

应该如何处理"宇宙之歌"也是个问题。当然，把这样一部歌剧搬到伦敦科文特花园皇家歌剧院去上演的想法本身就有些牵强了。但是，现在我们所面临的是一个更为重要的问题：这部歌剧的主题——大爆炸理论与定态（稳恒态）宇宙理论之争——今天已不能再被看作现实的问题了，因为所有实验证据已经以压倒性优势支持大爆炸理论。不过，如果把这段别出心裁而又娱人耳目的插曲删去，倒也是一大损失。

还有一个同插图有关的问题。《物理世界奇遇记》中的插图，有一部分是胡克哈姆的作品，另一部分是伽莫夫自己画的。为了描述物理学的最新进展，需要再增加一些插图，这就需要再请第三位美术家参与进来。那么，是应该把全书的插图弄成风味各异、难以令人满意的大杂烩，还是采用一种全新的风格呢?

根据上述考虑，我必须在下面两种做法之间作出抉择：我可以约束自己，在增订版中尽量少作改动，只在物理内容方面作些增添修补，对所有其他缺点则采取视若无睹的办法；另一种做法则是知难而上，进行全面的改写。

我决定选择后一种做法。所有各章都必须加以修订，而第 7、15、16、

17 章则完全是新添的。我还决定增加一篇名词浅释，它应该对读者有所助益。我所提出的详细改动方案已经得到伽莫夫的家属、出版社及其顾问委员会的赞同。只有一个值得注意的例外：有位顾问认为不应该以任何方式去改动原文。这个不同的观点是一个信号，它告诉我，我所做的工作是不可能使每一个人都满意的。很明显，总是会有一些人宁愿保留原作，认为它已经写得够出色了。

不过，就目前这个增订版而论，它的对象主要是那些还不认识汤普金斯先生的读者。因此，我在尽力忠实于伽莫夫原作的风格和写法的同时，力图更多地激励下一代读者并满足他们的需求。在这一点上，我倒是可以认为，如果是伽莫夫本人今天在做这项工作的话，他也很可能写成这样的增订版。

# 致　谢

感谢迈克尔·爱德华兹（Michael Edwards）用他焕然一新的插图为本书增色。感谢马特·李利（Matt Lilley）对初稿提出很有帮助的建设性批评。对于伽莫夫的家属给予我的鼓励和支持，我由衷地表示最深切的谢意。

# 原 版 前 言

## 乔治·伽莫夫

1938 年冬，我写了一篇从科学角度看有点异想天开的短篇小说（不是科幻小说），想给不懂物理学的人解释一下空间曲率和膨胀宇宙理论的基本概念。在书中，我尽量把实际存在的相对论性现象加以夸大地描述，以便使这篇小说的主人公——一个对现代科学感兴趣的银行小职员C.G.H.[①]汤普金斯先生——能够很容易地观察到它们。

我把这篇稿子寄给《哈珀杂志》（*Harper's Magazine*），但是，就像所有刚开始写作的人一样，我被退稿了。接下来我又试着把它投给另外五六家刊物，结果也是如此。于是我把原稿收入书桌的抽屉里，然后就把它忘了。那一年夏天，我参加了国际联盟在华沙组织的理论物理学国际会议。一天，我一边呷着杯绝妙的波兰葡萄酒，一边同我的老朋友查尔斯·达尔文爵士（写《物种起源》的那个查尔斯·达尔文的孙儿）聊天，话题转到了科学普及工作上来。我对达尔文讲了我在走这条路时所碰到的坏运气，他随即说："听着，伽莫夫，回到美国后，你把你那篇稿子找出来，把它寄给 C.P.斯诺博士，他是剑桥大学出版社科普杂志《发现》（*Discovery*）的编辑。"

我真的这样做了，过了一星期，斯诺发给我一封电报说："大作将在下一期发表，望多赐稿。"于是，在《发现》杂志以后几期里，连续出现

---

[①] 汤普金斯先生名字的三个首写字母出自三个基本物理常数：光速 $c$、万有引力常数 $G$ 和量子常数（即普朗克常数）$h$。这些常数必须改变许多倍，才能使路上的行人很容易地察觉到它们所引起的效应。——作者注

了好几篇以汤普金斯先生为主人公的普及相对论和量子论的故事。不久，我收到剑桥大学出版社的一封信，信中建议我把这些文章集中起来，再加上几篇新的故事以增加篇幅，然后合在一起出版成书。这本书名叫《汤普金斯先生身历奇境》，于 1940 年由剑桥大学出版社出版，以后又重印过 6 次。1944 年出版了这本书的续集《汤普金斯先生探索原子世界》，它到目前已重印 9 次。不仅如此，这两本书还被翻译成多种文字——实际上是除俄文以外的所有欧洲文字，以及中文和印地文。

最近，剑桥大学出版社决定把原来这两本书合并起来出版一本平装书，要我把一些旧的内容更新一下，再增添几个故事来讲述上述两本书出版以后物理学和相关学科所取得的进展。这样一来，我又增加了一些故事，介绍了裂变和聚变、定态（稳恒态）宇宙及有关基本粒子的一些热点问题。这些题材就构成了现在这本书。

这里还应该说一说插图的事。《发现》杂志最初发表的那些文章和第一本书，是由约翰·胡克哈姆先生插图的，他创造出汤普金斯先生的容貌特点。当我写第二本书时，胡克哈姆先生已经退休，不再当插图员了，因此我决定自己为这本书插图，并且忠实地遵循胡克哈姆先生的风格。本书中的一些新的插图也是我自己画的。至于本书中出现的歌曲，则是我妻子巴巴拉的作品。

于美国科罗拉多州博尔德市

科罗拉多大学

# 目　　录

# 1 城市速度极限

这一天是公休日。汤普金斯先生，本市一家大银行
的小职员，睡到很晚才起床，又慢悠悠地吃了早饭。他
想把这一天好好安排一下，这时，他最先想到的是午后
去看一场电影，于是，他打开当地的晨报，聚精会神地
在娱乐栏搜索起来。但是，看来没有一部影片能吸引他。

最近那些充斥着色情和暴力的电影，他厌恶透了。除此之外，就是一些通常
在假日为孩子们准备的电影。哪怕只有一部影片能讲点真正的冒险故事，或
是稀奇古怪的事情，即使是让人觉得有点异想天开的事情，他也能勉强凑合。

所有这些粗制滥造的作品啊

可是，就连这样的影片也没有一部。

无意间，他的目光落在报纸一角的一则简
短的启示上。原来，本市的大学正在举办一系
列介绍现代物理学问题的讲座，这一天下午的
讲座所要介绍的，是爱因斯坦①的相对论。嗯，
听起来有点意思。他常常听人家说，全世界真
正懂得爱因斯坦的理论的，只有 12 个人。说不
定他恰巧能够成为第 13 个！于是，他决定去听

---

① 爱因斯坦（Albert Einstein），1879～1955，美国物理学家，他在物理学许多方面都有巨大贡献，
其中最重要的是他在总结大量实验事实的基础上，建立了狭义相对论，并在这个基础上进一步创立广
义相对论，否定了过去认为时间与空间互不相关的概念。1933 年爱因斯坦受纳粹政权的迫害，迁居
美国。——译者注

听这个讲座，说不定能愉快地度过这一下午。

他来到这个大学的演讲厅时，演讲已经开始了。大厅里坐满了人，大多是很年轻的学生，但是也有不少年纪较大的听众，大概像他自己一样，是一些普通的老百姓。他们都全神贯注地听着置顶投影仪旁边那个白胡子的高个儿教授讲话，而他正卖力地给听众讲解着相对论的基本概念。

汤普金斯先生好不容易才听明白，爱因斯坦理论的整个要点就在于存在着一个任何运动物体都无法超越的最大速度值——光速，并且，正是这个事实产生了一些非常奇怪、非同寻常的后果。①比如说，当运动速度接近于光速时，量尺就会缩短，时钟就会变慢。不过，那位教授说，由于光的速度是300 000 千米/秒，所以在日常生活中，就很难观察到这些相对论性效应。在汤普金斯先生看来，这一切都跟常识相矛盾。他竭力想在脑海中想象量尺缩短和时钟变慢的画面，但是慢慢地，他的脑袋垂到了胸膛。

当他重新睁开眼睛的时候，他发现自己并不是坐在演讲厅的长椅上，而是在市政当局为乘客等车方便而设置的长椅上。这是一座美丽的古城，沿街矗立着许多中世纪的学院式建筑物。他怀疑自己一定是在做梦，但是周围的场景没有丝毫异常。对面学院的钟楼上那个大时钟的指针，这时正好指在 5 点。

街上几乎已经没有车辆往来，只有一辆孤零零的自行车缓缓向他驶来，当自行车驶到他的面前时，汤普金斯先生的眼睛突然吃惊地瞪得滚圆。原来，自行车和车上的年轻人在运动方向上都缩扁了，就像通过一个柱形透镜看到的那样，这太不可思议了。②钟楼上的时钟敲完了 5 下，那个骑自行车的人显然有

---

① 根据相对论，当物体以接近光速的速度运动时，在运动方向上，它的长度将明显地缩短，同时，在这个物体上发生的过程的速度将变慢（或者说时间将延长）。这里指的就是这些效应。——译者注

② 特瑞尔（J.Terrell）于 1995 年著文指出，人眼观察高速运动物体所得视觉图像，既受到相对论收缩效应影响，又受到因光速有限而使运动物体各部位相对于观察者同时发出的光不能同时到达人眼的"时差"影响，其综合效果是视觉图像等效于实物的偏转图像。据此，高速运动球体的视觉图像仍是球体而不是椭球体。高速运动自行车和骑车者的视觉图像因有偏转效果，在运动方向上的视觉长度确实会短些，但由于车与骑车者具有体结构，观察者不会因此感到对方"缩扁了"。——编者注

点着急了，更加使劲地蹬着踏板。汤普金斯先生并没有注意到车速是否有所提高，然而，由于骑车人使劲蹬踏板，他变得更扁了，好像一个用硬纸板剪成的扁人那样向前驶去。这时汤普金斯先生感到非常自豪，因为他明白了那个骑车人是怎么回事——这正是他刚刚听来的，只不过是运动物体的收缩罢了。"在这个地方，天然的速度极限显然是比较低的，"他下结论说，"我看不大会超过 20 英里/小时。这里完全不需要测速摄像机"。这时一辆救护车飞速驶过，警灯闪烁警笛长鸣，却怎么也追不上那个骑车人，反而像甲虫一样缓慢前行。汤普金斯先生决定追上那个骑车人，问问他自己的身体变扁是种什么感受。但是，怎样才能赶上他呢？这时，汤普金斯先生发现有辆自行车停靠在学院的外墙边，他想，这大概是某个去听讲座的学生的，如果他只是暂时借用，学生应该不会发现自行车丢了。于是，他看准旁边没有人注意他，便偷偷骑了上去，拼命朝着前面那辆自行车赶去。他满心期待骑上自行车自己马上就会变扁，最近因为不断发福，他都有点发愁了，真希望自己能变扁变瘦。然而，出乎他的意料，不管是他自己还是他的车子，大小和形状都没有发生任何变化。相反地，他周围的景象完全改变了：街道缩短了，商店的橱窗变得像一条条狭缝，而在人行道上步行的人都变成了细高挑，他还从没见过这么扁的人。

"啊，"汤普金斯先生兴奋地感叹着，"现在我懂了。这就是'相对性'。相对于我运动的所有物体，在我看来都缩扁了，不管蹬自行车的是我自己还是别人！"

他骑车一向骑得很出色，现在他更是使出浑身解数去追赶那个年轻人。但是他发现，骑在现在这辆车上，想加快速度可不是件容易的事。尽管他已经使出吃奶的劲头去蹬车子，车子的速度却几乎没有增加。他的双腿开始酸痛起来，但他驶过街角路灯杆的速度，却比开始时快不了多少。尽管他使劲蹬车，但似乎没什么用。现在他开始明白为什么刚刚那辆救护车怎么也追不

那个骑车人难以置信地缩扁了

上那个骑车人，因为这时候他记起了那位教授的话——任何运动物体都无法超越光速。不过他注意到，他越卖力气地蹬，这个城市的街道便变得越来越短，而在他前面蹬车的那个年轻人现在看来也不是那么远了。最后，他终于追上了那个年轻人，在他们肩并肩蹬着车子的那一瞬间，他出乎意料地发现，那个年轻人和他的自行车看起来完全正常。

"哦，这一定是因为我同他之间没有相对运动的缘故。"他作出结论。接着，他就同那个年轻人攀谈起来。

"打扰一下，先生！"他说，"住在一个速度极限这么低的城市里，你不觉得不方便吗？"

"速度极限？"对方惊奇地答道，"我们这里不存在什么速度极限。不管在什么地方，我想骑多快都行；要是我有一辆摩托车，就不用再骑这辆破车子，我就可以想骑多快就骑多快了！"

"但是，刚才从我面前骑过时，你骑得很慢呢，"汤普金斯先生说。

"我觉得不慢呀，"年轻人说，他显然有点不高兴，"从你开始同我谈话到现在，我们已经跑过 5 个十字路口了。难道在你看来，这还不够快吗？"

"不过，那是因为街区和街道都变短了。"汤普金斯先生争辩道。

"究竟是我们骑得快，还是街道变得短，这又有什么不同呢？结果是一样的啊。我需要跑过 10 个岔路口才能到达邮局，如果我蹬得快一点，街道就会变得短一点，而我也就到得早一点。瞧，我们事实上已经到了。"年轻人一边说，一边从自行车上下来。

汤普金斯先生也停了下来，他看看邮局的时钟，时钟指向 5 点 30 分。"瞧，"他得意地指出，"我就说你骑得很慢嘛，你跑过 10 个岔路口，已经花了半个钟头——我第一次看到你的时候，学院的时钟正好是 5 点整！"

"你真的觉得已经过去半个钟头了？你感觉有那么久吗？"对方问道。

汤普金斯先生不得不承认，他确实觉得没那么久，应该只有几分钟。不仅如此，当他看自己的手表时，手表也只有 5 点 5 分。"啊！"他低声问，"你是说邮局的时钟走快了吧？"

城市的街道变得越来越短了

　　"你可以说是它走快了，当然也可以说是你的手表走慢了。你的手表刚才一直在相对于那两个时钟而运动着，不是吗？那么，难道你还认为有什么别的结果吗？"他有点生气地瞧着汤普金斯先生。"你竟然连这个都不懂。

你是从外星来的吗？"说着，年轻人走进了邮局。

经过这番交谈，汤普金斯先生意识到，真可惜那位老教授不在这里，不能为他解释这一切怪事。那个年轻人显然是土生土长的，可能从很小的时候就对这些事情司空见惯了。所以，汤普金斯先生不得不靠自己去探索这个奇异的世界。他把手表拨到邮局时钟所指的时间，并且等了 10 分钟，看看手表走得准不准。结果发现一切正常，它们走得一样快。

于是，他继续沿着大街骑下去，最后来到了火车站。他决定用火车站的时钟再对一次表。大失所望，他再次发现手表走得更慢。

"得，这肯定又是某种相对论性效应了。"汤普金斯先生下结论说，"每当我运动起来，就会发生这样的事情。想到我每到一个地方都需要调一下手表，真是麻烦。"

这时，一位穿着考究大约 40 岁的绅士从火车站走过来。他四处张望，认出了路边等他的那位老妇人，走上去跟她打招呼。老妇人竟然喊这位绅士"亲爱的爷爷"，这让汤普金斯先生大吃一惊。

"不好意思，我刚刚没听错吧，您真的是这位女士的爷爷吗？请原谅我打听你们的家务事，但是……"

"哦，我明白了，"绅士笑着说道，"其实，事情是这样的。我的工作需要我经常出差。"汤普金斯先生还是不太明白，那位绅士继续道："因为我大部分时间在火车上度过，所以与那些住在城里的亲人们相比，我自然就老得慢得多。每次回来见到最可爱的小孙女，我都高兴极了。啊，不好意思，我们得走了。"他招停一辆出租车走了，留下汤普金斯先生孤零零地站在那里苦苦思索着那些问题。

在火车站旁的小餐馆里吃了两片夹肉面包后，汤普金斯先生再次思考起来。"当然啦，"他一面想，一面啜着咖啡，"运动使时间过得慢，这就是比别人老得慢的原因了。如果像那位教授所说，一切运动都是相对的，那么，那个旅行者在他的亲属看来，就显得年轻，而他的亲属在他看来，也应该显得很年轻啊。嗯，很好，总算搞明白了。"

突然，他停下来，放下杯子："不过，这不太对头啊，那个孙女看起来并不比他年轻，她确实比他老啊。白头发不可能是相对的。这到底是怎么回事呢？难道并不是一切运动都是相对的？"

因此，他决定再作最后一次尝试，弄清这到底是怎么回事，于是他转向餐馆里除他之外的唯一的顾客——他独自坐在那里，身穿铁路制服。

"劳驾，先生，"他开口说，"你能不能费心给我讲一讲，对于火车上的旅客比老住在一个地方的人老得慢这件事，谁应该负责？"

"我对这件事负责。"那个人说，干脆极了。

"啊！"汤普金斯先生喊了起来，"你是怎么……"

"我是火车司机。"那个人回答说，似乎这就能解释一切了。

"火车司机？"汤普金斯先生重复了一遍，"其实，我从小就一直想当个火车司机的。""但是，这怎么能使人保持年轻呢？"汤普金斯先生更困惑了。

"这个嘛，我也不太清楚，"火车司机说，"但事情就是这样。我是从大学的一个老头那里听说的。"他指着靠在门边的一张桌子说："当时我们就坐在那儿打发时间，他给我大讲一通，当然我根本不懂，一个字都没听懂。不过，他说这一切都是由加速和减速造成的，我还记得一些。""不但速度会影响时间，加速度也会。每次火车进站和出站时都要减速和加速，车上的乘客会前后摇晃，这会打乱他们的时间。不坐火车的人是不会感觉到这种变化的。当火车进站时，你会发现，跟火车上的乘客不同，那些站在月台上的人并不需要紧紧抓住栏杆或其他什么东西来防止摔倒。看来差别就在这里了……"他耸耸肩说道。

突然，有人使劲推了一下汤普金斯先生的肩膀。他醒来后发现自己并不是坐在车站旁的小餐馆里，而是坐在听教授演讲的那个大厅的长椅上。大厅里灯光昏黄，别无他人。那个把他叫醒的管门人说："抱歉，我们就要关门了，先生，要是你还想睡觉，最好是回家睡去。"

汤普金斯先生睡眼惺忪地站了起来，开始朝门口走去。

# 2 教授那篇使汤普金斯先生进入梦境的相对论演讲

女士们、先生们:

还在人类智慧发展的最初阶段，人们就已经明确地使用空间和时间来界定各种事件的发生。这种概念几乎原封不动地代代相传下去；并且，从精密科学开始发展以来，这一概念还成为用数学描述宇宙的基础。伟大的牛顿[①]大概是第一个清楚阐明古典的时空概念的人，他在他的《原理》一书中写道:

> 绝对空间就其本质而言，是不依赖于任何外界事物的，它永远是相同的、不变的。绝对的、真实的数学时间，就其自身及其本质而言，是永远均匀地流动的，不依赖于任何外界事物。

过去，人们极其坚定地相信这些古典的时空概念是绝对正确的，因此，哲学家们常常把它们看作某种先验的东西，而科学家们连想也没有想到可能有人对这些概念产生怀疑。

但是，在20世纪刚开始的时候，人们开始了解到，要是硬把实验物理学最精密的方法所得到的许多结果纳入古典时空概念的框架，就会出现一些显

---

① 牛顿（Newton），1643～1727，英国物理学家和数学家，古典物理学的奠基者。他的《原理》一书的全名为《自然哲学的数学原理》。——译者注

而易见的矛盾。这个事实使当代最出色的物理学家爱因斯坦产生了一个颠覆性的想法，他认为，如果抛开那些传统的借口，就根本没有任何理由把古典的时空概念看作绝对真理，人们不仅有可能并且也应该改变这些概念，使它们同新的、更精密的实验相适应。事实上，既然古典的时空概念是在人类日常生活体验的基础上建立起来的，那么，如果今天建立在高度发达实验技术基础上的精密观察方法会证明那些旧的观念太粗糙、不准确，我们就不用大惊小怪了；过去这些观念能够用在日常生活和物理学发展的初期，仅仅是由于它们同正确概念的差异相当微小。同样，要是现代科学所探索的领域不断扩展，两者的差异变得巨大，以致古典概念根本无法应用于这些新领域，我们也不应该感到惊讶。

后来，人们发现真空中的光速是一个常数（等于300 000千米/秒），并且是一切可能的物理速度的上限，这一最重要的实验结果从根本上批判了那些古典概念。同时，美国物理学家迈克耳孙和莫利的实验也证实了这一非常重要又出乎意料的结论。19世纪末，他们千方百计想观察地球的运动对光的传播速度的影响。他们的脑子里还是当时流行的观点，认为光是一种在被称为"以太"的媒质中运动的波。光在以太媒质中的运动就像水波在池塘表面上的运动，地球在以太媒质中的运动就像小船在水平上的运动。在小船上的乘客看来，小船激起的涟漪朝着小船运动方向向前扩展的速度，要比涟漪向后扩展的速度慢一些，因为在前一种情况下要从涟漪原来的速度减去小船的速度，而在后一种情况下却要把两个速度相加起来。我们把这叫作速度相加定理，这个定理一直被看作不证自明的。因此，在穿过以太运动时，光的速度同样应该随着它相对于地球运动的方向的不同而显得不尽相同。既然如此，只要测量出光在不同方向上的速度，就应该能够测定地球在以太中的运动速度了。

但是，迈克耳孙和莫利却发现，地球的运动对光速根本没有任何影响，不管在哪一个方向上，光的速度都是完全相等的。这个发现使他们本人和整个科学界都大吃一惊。这个奇怪的结果使他们产生了一种想法：也许非常不巧，在他们进行那个实验的时候，地球在其环绕太阳运动的轨道上正好处在相对于以太静止不动的状态。为了检验事情是不是这样，过了 6 个月，也就是当地球在太阳的另一侧朝着相反的方向运行时，他们又重复做了那个实验。但是，这一次也同样测不出光速有任何不同。

既然已经确定，光速的表现同水波的速度不一样，那么，光速的表现很可能和子弹一样。如果我们用小船上的枪射出一颗子弹，那么，在乘客看来，这颗子弹不管是朝哪个方向射出，它离开运动中的小船的速度都是相同的——事实上，迈克耳孙和莫利也已经发现，从运动中的地球朝不同方向发射出的光，它们离开地球的速度也全都相等。但是在这种情况下，站在岸上的观察者就会发现，朝着小船前进方向射出的子弹的运动速度，要比朝着相反方向射出的子弹更快一些：在前一种情况下，小船的速度会同子弹的出膛速度相加在一起；在后一种情况下，却要用子弹的出膛速度减去小船的速度——这也符合速度相加定理。与此相应，我们也应该认为，从某个相对于我们运动的光源发射出的光，它的速度必定会随着同运动方向所形成的发射角的不同而不同。

但是，实验告诉我们，实际情形也不是如此。我们就拿电中性的π介子作为例子吧！π介子是一种非常小的亚原子粒子，它在衰变时会发射出两个光脉冲。实验发现，不管这两个脉冲的发射方向同原来母π介子的运动方向有什么关系，它们射出的速度总是相同的，甚至在π介子本身以接近于光速的速度运动时也是这样。

于是我们发现，前面提到的两种实验都没有得到预期的结果：前一种实验表明，光速的表现同常规水波的速度不一样；而后一种实验则表明，光速的表现也不同于常规子弹的速度。

　　总而言之，我们的发现是：不管观察者在做什么运动（我们是从运动中的地球上进行观察的），也不管光源在做什么运动（我们所观察的是从运动中的π介子发出的光），光在真空中的速度总是具有恒定的值。

　　我前面提到过，光速有另外一个性质——光速是无法超越的极限速度。这又是怎么回事呢？

　　"啊，"你们可能会说，"难道不能把若干个比较小的速度相加起来，构成一个超过光速的速度吗？"

　　举个例子吧！我们可以设想有一列跑得非常快的火车，假设车速等于光速的 3/4 吧，再设想有一个人在车顶上朝火车头跑去，他的速度也等于光速的 3/4。

　　按照速度相加定理，这两个速度合成的总速度应该等于光速的 1.5 倍，因此，那个在车顶上跑的人应该能够赶上并超过路边信号灯所发出的光束。但是，实际情况是：既然光速固定不变是一个实验事实，在现在所说的这个例子里，合成速度就必定小于我们上面所预期的速度值——它不能超过极限值 $c$。因此，我们应该得出结论——即使对于比较小的速度来说，古典的速度相加定理也肯定是不正确的。

　　关于这个问题的数学处理，我不想在这里细说，但是我可以告诉你们，在计算两个叠加运动的合成速度方面，它得到了一个非常简单的新公式。

　　如果 $v_1$ 和 $v_2$ 是那两个要相加的速度，$c$ 是光速，那么，合成速度与原来速度的关系应该是

$$v = \frac{v_1 + v_2}{1 + \dfrac{v_1 v_2}{c^2}} \tag{1}$$

　　从这个公式可以看出，如果原来两个速度都很小——我说很小，是同光速相比较而言的——那么，上式分母的第二项同（1）相比较，就可以略去不计，这时，你所得到的就是古典的速度相加定理。但是，如果 $v_1$ 和 $v_2$ 都

不算小，那么，你所得到的结果就总是比这两个速度的算术和小一些。例如，在上面所说的那个人在火车顶上奔跑的场合下，$v_1 = \dfrac{3}{4}c$，$v_2 = \dfrac{3}{4}c$，这时，用上面公式得出的合成速度 $v = \dfrac{24}{25}c$，这仍然小于光的速度。

在一种特殊的场合下，即当原来两个速度当中有一个等于 $c$ 的时候，不管另一个速度有多大，用公式（1）所得出的合成速度都等于 $c$。由此可见，不管把多少个速度相加起来，也永远得不到比光速更大的速度。

你大概也乐意知道，这个公式已经由实验加以证明了——人们在实验中确实发现，两个速度的合成值总是小于它们的和。

既然我们承认速度有一个上限，我们现在就可以着手批判古典的时空概念了。在这里，我们的第一支箭要对准根据这种概念建立起来的同时性概念。

"你把火腿炒鸡蛋端上你在伦敦的餐桌，同一时间，开普敦①矿井中那些炸药爆炸了。"当你说这句话的时候，你一定认为，你明白自己在说什么。但是，我马上就要指出，你并不知道你自己在说什么，并且严格地说，这句话是没有任何确切含义的。事实上，你有什么方法可以检验这两个事件到底是不是同时发生在两个不同的地方呢？你会说，只要在发生这两件事时，那两个地方的时钟指着同一个时刻就行了。但是，这时马上产生了一个问题：两个相隔很远的时钟，怎样调节才能让它们同时显示相同的时间呢？这样一来，我们就又回到原先的问题上。

由于真空中的光速不依赖于光源的运动状态和测量光速的系统，这是实验已经精确验证过的事实，我们就必须认为，下面所要介绍的测量距离和核对不同观察站的时钟的方法，是最为正当的方法，并且，要是你稍稍多想一想，你就一定会同意，它同时也是唯一合理的方法。

设想我们从 A 站发出一个光信号，让这个光信号一到达 B 站，就马上

---

① 开普敦，南非的一个地名，以盛产黄金著称。——译者注

返回 A 站。这样，在 A 站记录到的从发出信号到信号返回 A 站的时间的一半，乘上固定不变的光速，应该就是 A 站与 B 站的距离。

如果在信号到达 B 站的瞬时，当地的时钟正好指着 A 站在发出信号和收到信号的瞬时所记录下的两个时间的平均值，我们就说，A 站和 B 站的时钟是彼此对准了的。对固定在一个刚体上的各个观察站，用这种方法把时钟一一对准，我们最后就得到了我们所希望有的参考系，因而就能够回答在不同地点发生的两个事件是否同时的问题了。

如果所有观察者都使用这种方法建立参考系，但是两个观察者相对运动，他们还能得到相同的测量结果吗？为了回答这个问题，我们假定这两个参考系是固定在两个不同的刚体上的，或者就说固定在两枚以同一固定不变的速度朝相反方向飞行的长火箭上吧。现在我们来看看，这两个参考系的时间怎样才能彼此对准。

假定每一枚火箭的头尾两端各有一个固定不动的观察者，这 4 个观察者首先必须把他们的表彼此对准。这时，每一枚火箭上的两个人，都可以把前面所说对准时钟的办法变通一下，把他们的表彼此对准。这就是从火箭的正当中（这可以用量尺测量好）发出一个光信号，当这个信号从火箭的正当中传到它的头尾两端时，每一端的观察者就都把自己的表拨到零点。这样，按照前面的规定，这两个观察者已经把他们自己那个参考系中的同时性标准确定下来，把他们的表"对准"了——当然啦，这是从他们自己的角度来说的。

现在他们决定看看他们火箭上的时间记录是不是同另一枚火箭上的记录相符。譬如说，当处在不同火箭上的两个观察者彼此擦身而过时，看看他们的表是不是指着同一个时刻。这可以用下面的方法来检验：他们在每一枚火箭的几何中点插上一根带电的导体，让两枚火箭互相掠过，且它们的中点彼此对准时，在两根带电导体之间跳过一个电火花，这样一来，光信号便同时从每一枚火箭的中点向两端传播，如图（a）所示。过了一会儿，火箭 2

上面的观察者 2A 和 2B 所看到的情形表示在图（b）上。这时火箭 1 已经相对于火箭 2 开始运动，两个光束朝着前后两个方向移动了相等的距离。请大家注意这时发生了什么事情。由于观察者 1B 是朝着向他射过来的光束运动的（在观察者 2A 和 2B 看来，情形就是这样），所以在火箭 1 上向后行进的光束已经到达观察者 1B 的位置。从 2A 和 2B 的角度来看，这是因为这个光束所需要走过的距离比较短。因此，观察者 1B 便把他的表拨到零点，而其他人都还没有动作。在图（c）中，光束已经到达火箭 2 的两端，这时观察者 2A 和 2B 便同时把他们的表拨到零点。只有到图（d）的情况出现时，火箭 1 上向前传播的光束才到达观察者 1A 的位置，在他看来，这个时候他应该把自己的表拨到零点了。这样一来，我们就可以知道，在火箭 2 上的两个观察者看来，火箭 1 上的那两个观察者并没有对好他们的表，因为他们的表显示不了相同的时间。

当然啦，在火箭 1 上的观察者看来，火箭 2 上也发生了同样的情形。按照他们的看法，"静止不动的"正是他们自己的火箭，而在进行运动的应该是火箭 2。现在是观察者 2B 在朝着射向他的光束前进，而观察者 2A 却对着光束倒退。因此，在观察者 1A 和 1B 看来，是观察者 2A 和 2B 没有把他们的表对好，而他们自己却是把表对好了的。

之所以会出现这种看法上的差异，是因为当几个事件发生在分离的不同地方时，这两组观察者就必须先进行计算，然后才能决定这些被分隔开的事件是不是同时发生；他们必须考虑到光信号从遥远的地方传到他们那里所花的时间，并且坚定地认为相对于他们来说，来自任何方向的光的速度都是恒定不变的（只有当几个事件发生在同一个地方，也就是不需要进行计算时，才能对这些发生在那个地方的事件是否同时作出普遍认可的判断）。既然这两枚火箭的地位是完全平等的，所以，要解决这两组观察者之间的争论，就只能够说，这两组观察者的说法，从他们各自的角度看来都是正确的；而究竟哪一方是"绝对"正确的问题，则没有任何物理意义。

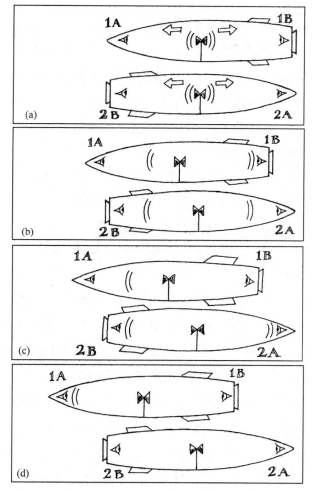

他们的表显示出不同的时间

　　我怕我这番冗长的议论已经把大家弄得十分疲倦了，不过，要是你们很细心地从头听下来的话，就一定会明白，一旦采纳我们上面所说的时空测量方法，绝对同时的概念就不复存在了——在某个参考系中的同一时间但在不同地点发生的两个事件，在另一个参考系看来，将变成被一定时间间隔分隔开的两个事件。

这种说法乍一听来是极端反常的。但是，如果我说，在火车上吃晚饭时，你是在餐车的同一地点吃下了你的汤和点心，但是却是在铁路上相距很远的两个地方吃下它们的。那么，你是不是也会觉得反常呢？并不会，对吧。其实，关于火车上吃晚饭这个例子，也可以换一种说法：在某个参考系中的同一地点但在不同时间发生的两个事件，在另一个参考系看来，将变成被一定空间间隔分隔开的两个事件。

把这种"正常"的说法同上面那种"荒谬"的说法比较一下，你就会看出，这两种说法是完全对称的，只要把"时间"和"空间"这两个词对换一下，就可以把其中的一种说法变成另一种说法。

爱因斯坦的整个观点就是：在古典物理学中，时间被看作某种完全不依赖于空间和运动的东西，它"均匀地流动，不依赖于任何外界事物"（牛顿语）；与此相反，在新的物理学中，空间和时间却是紧密地联系在一起的，它们只不过是发生一切可以观察到的事件的均匀"时空连续统"的两个不同截面。但是这和分别用尺子测量空间和用手表测量时间是完全不同的方法，大家不要被误导了。时间和空间有机融合为一个思维连续统，在物理界，我们不能单纯地将其分裂为三维的空间和一维的时间。把这种四维的连续统分裂为三维的空间和一维的时间太过随意，这与进行观察时所用的参考系有关。

在一个参考系看来，在空间中由距离 $l$、在时间上由间隔 $t$ 分开的两个事件，从另一个参考系看来，分开它们的空间距离将变成 $l'$，时间间隔则变成 $t'$，因此，从某种意义上，我们可以说是把空间变换成时间或者把时间变换成空间了。同样也不难看出，为什么在我们看来，把时间变换成空间（像在火车上吃晚饭那个例子）是很普通的概念，而把空间变换成时间（这会使同时性变成相对的）却似乎极为反常了。问题在于，如果我们用"米"来测量距离，那么，相应的时间单位就不应该是常用的"秒"，而应该是一种"合理的时间单位"，它等于光信号走过 1 米距离所花的时间，即 0.000000003 秒。如果我们对这么短的时间间隔非常敏感的话，我们应该也能清晰地知道两件事情不是同时发生的。

这样一来，在我们日常经验的范围内，从空间间隔变换成时间间隔所产生的结果实际上是观察不到的，这就似乎证明了时间是某种绝对独立的、不变的东西这种古典观点。

但是，在研究速度极高的运动，例如在研究放射性物质所发射出的电子的运动或电子在原子内部的运动时，由于这时在某一时间内走过的距离同用合理时间单位所表示的时间属于同一个数量级，我们就必定会碰到上面所讨论的那两种效应，这时，相对论就变得非常重要了。即使在速度比较小的区域内，例如在研究我们太阳系中行星的运动时，由于天文观测已经非常精密，也可以观察到这些相对论性效应。不过，想观察到它们，就必须测出行星运动每年总共只有几分之一弧秒的变化。

我上面已经尽力为大家说明，对古典时空概念进行验证后，我们会得出这样的结论，即空间间隔实际上可以变换成时间间隔，时间间隔也可以变换成空间间隔，这就是说，在从不同的运动系统测量同一个距离或时间时，会得到不同的数量值。

对这个问题进行比较简单的数学分析，就可以得出一个明确地计算这些值的变化的公式，不过，我不想在这里多谈这个问题。我只想简单地说，这个公式告诉我们，任何一个长度为 $l_0$ 的物体，当它以速度 $v$ 相对于观察者运动时，它的长度（在运动方向上）都会缩短，缩短的数量取决于它的速度，也就是说，观察者所测量到的长度 $l$ 将变成

$$l = l_0 \sqrt{1 - \frac{v^2}{c^2}} \qquad (2)$$

从这个公式可以看出，当 $v$ 非常接近于 $c$ 时，$l$ 变得越来越小。这就是著名的相对论空间缩短（尺缩）效应。我还要补充一点，这里的 $l$ 指的是物体在其运动方向上的长度。它与运动方向成直角的尺寸是不会改变的。结果，物体在其运动方向上便变扁了。

与此相似，一个过程需要花时间 $t_0$，从一个与之做相对运动、运动速度为 $v$ 的参考系观察这个过程，它所需要的时间 $t$ 会比 $t_0$ 长一些，也就是

$$t = \frac{t_0}{\sqrt{1 - \dfrac{v^2}{c^2}}} \qquad\qquad (3)$$

请大家注意，随着 $v$ 的增大，$t$ 也同样增大。事实上，当 $v$ 接近于 $c$ 时，$t$ 会变得非常大，以致所发生的过程几乎停滞下来了。这就是相对论的时间延长（钟慢）效应。这就是为什么人们会认为，如果宇航员以接近光速的速度遨游太空，他们变老的过程就会变得非常慢，以至于他们几乎不会变老——他们可以永远活下去！

我希望大家不要忘记，在相对运动的两个参考系间，这两种效应是完全对称的，因此，站在月台上的那些人会感到奇怪，为什么快速移动的火车上的乘客看上去会那么瘦、动得那么慢、他们的手表也会变慢；与此同时，火车上的乘客对于他们看到的那些站在月台上的人，也有完全相同的想法，他们会奇怪，为什么车站变扁变高了，而一切事物都移动得非常缓慢。

乍一看来，这可能叫人觉得有悖常理。确实，这个问题引出了一个所谓"双生子佯谬"，指的是有一对龙凤胎，一个出外旅游，另一个留在家里。按照我前面说明的理论，根据他们对另一个人的观察，并计算了光信号要达到两人所需时间后，他们都认为彼此会老得慢一些。现在的问题是：当那个出门旅游的姐姐回到家里，两人可以面对面地进行比较时（这时的比较不需要再进行任何计算，因为他们已经又一次处在同一个地方了），他们会发现什么样的结果呢？要想解答这个问题，就必须认识到这两人的立足点是不同

的。那个外出的姐姐要想回家，就必须经历加速的过程——先是减速，然后朝着相反的方向加速。与留在家中的弟弟不同，她一直处在非匀速运动的状态中。只有留在家中的弟弟始终保持匀速运动，他会认为现在姐姐比自己更年轻，并认为自己的观点是正确的。

在结束这篇演讲之前，我还想再说一点。你们也许会觉得奇怪：究竟是什么东西使我们不能把物体的速度加速到比光速更快呢？当然，你们可能这样想，如果我施加给物体的力足够大，时间又足够长，使得它一直不停地加速下去，最后肯定能达到我希望达到的速度。

按照一般的力学原理，物体的质量决定了使物体开始运动或使运动物体加快速度的难度。质量越大，增大某一数量的速度的难度也越大。

任何物体在任何条件下都不能超过光速这个事实，使我们可以这样解释，进一步加速所碰到的阻力增大了，是因为物体的质量增大了。换句话说，当物体的速度接近于光速时，其质量会无限增大。数学分析得出了一个计算这种关系的公式，它同公式（2）和公式（3）非常相似。如果$m_0$是速度非常小的物体的质量，那么，当速度等于$v$时，质量$m$将是

$$m = \frac{m_0}{\sqrt{1 - \dfrac{v^2}{c^2}}} \tag{4}$$

可见，当$v$接近于$c$时，进一步加速所碰到的阻力（即质量）就会变成无限大。因此，$c$便成为极限速度了。

质量发生相对论性变化的效应，是很容易通过实验在高速运动粒子上观察到的。我们就拿电子作为例子吧！电子是原子内部的一种非常小的粒子，它们围绕着原子的中心核而运动。由于它们极轻，很容易对它们进行加速。当把电子从原子中取出并放到特制的粒子加速器中，使它们受到强大电力的作用时，可以把它们加速到非常非常高的速度，同光速只相差零点零零几的百分数。在这样大的速度下，进一步加速它们所受到的阻力，相当于比正常

电子质量大 40 000 倍的质量——这在美国加利福尼亚州的斯坦福实验室中已经得到证明。

不仅如此，时间的延长也已经得到了证实。瑞士日内瓦郊外的欧洲核子研究中心（CERN）高能物理实验室已经发现，将不稳定的 μ 子（一种基本粒子，在正常情况下会在百万分之一秒内发生放射性衰变）放在一种形状像个大空心轮胎的圆环形机器中做高速回旋运动时，它的寿命会延长 30 倍。而这个倍数正好是根据前面的时间延长公式所得出的值。

可见，在这样高的速度下，古典力学已经完全不再适用了，这时，我们就进入了纯相对论的领域。

# 3　汤普金斯先生请了个疗养假

　　听完那次讲座后几天，汤普金斯先生对那个相对论性城市的梦仍然很感兴趣。对于火车司机怎么能够使乘客不变老这个谜，他深感困惑。好多个夜晚，当他上床的时候，他总是希望能够再一次拜访这个有趣的城市，但却一次都没梦到。他性格胆小、容易焦虑，所以经常做噩梦。上一次，他梦见银行经理对他发火，说他的银行账目整理得太慢。汤普金斯先生尝试用相对论的时间延长效应为自己找理由，但是没人相信他。所以，他觉得自己最好是请个疗养假，于是，他现在正坐在一节火车车厢里，要去海边待上一个星期。他注视着窗外，市郊的灰色屋顶逐渐远去，换成了乡村翠绿的牧场。他很倒霉，没有赶上教授的第二次演讲，不过，他已经从大学的秘书处要来教授讲稿的复印件，现在就带在身边，于是就从手提箱里拿出来，再次研究起来。这时，火车开始摇晃，摇得他很舒服……

　　当他放下讲稿再一次往窗外看去的时候，外面的景色已经大大改变了。电线杆一根根紧靠在一起，像一排篱笆，树木都戴着狭长的树冠，一棵棵像意大利丝柏那样瘦长。让他惊喜的是，那位教授本人竟然就坐在他的对面。教授大概是在汤普金斯先生专心阅读的时候上车的吧！

　　汤普金斯先生鼓起勇气，决定要好好利用这次机会。"我们现在是在相对论的领域里了，"汤普金斯先生说，"对吧?"

　　"是的，"教授感慨地说，"你很熟悉这个地方吗?"

"这个地方我已经来过一回了，不过，那一回没能有幸同您一起旅行。"

"这么说，你是个物理学家——一位相对论专家了？"教授问道。

"啊，不是的！"汤普金斯先生有点窘迫地回道："我才刚刚开始学相对论，到目前为止，我只听过一次演讲。"

"这也很好嘛，什么时候开始都不算晚。那是个很有趣的课题啊！那么，你是在哪里学的呢？"

"在大学里。我听的就是您的演讲。"

"我的演讲？"教授喊了起来。他认真地看了汤普金斯先生一会儿，真的认出了他，脸上露出一丝笑容。"对了，你是那个迟到而坐在后排的人！我想起来了。怪不得我觉得你有些面熟。"

"我希望我没有扰乱……"汤普金斯先生带着歉意含糊地说。他真希望这位目光敏锐的教授没有注意到他后来在听演讲时睡着了。

"不，不，这没有什么。"教授答道，"人们总是这样的。"

汤普金斯先生犹豫了一会儿，然后鼓起勇气说："我实在不想硬缠着您，不过，我不知道是不是可以问您一个问题——只是一个小问题？上次在这里的时候，我遇见一位火车司机，他坚持说，车上的乘客比住在城里的居民老得慢（而不是倒过来）的原因，全都在于火车不断开开停停。我不明白……"

教授想了一下，然后开始说："如果两个人都处在匀速相对运动中，那么，两人都会认为对方比自己老得慢——这是相对论的时间延长效应。火车上的乘客会认为车站上的售票员老得比自己慢一些，同样，售票员也会认为车上的乘客比自己老得慢一些。"

"但是，他们不可能都是对的呀，"汤普金斯先生提出了异议。

"为什么不可能呢？从他们各自的角度来看，他们双方都是对的。"

"那么，到底谁是真对呢？"汤普金斯先生打破砂锅问到底。

"你不能这样笼统地提问题。在相对论中，你的观察结果总是要牵涉一个特定的观察者——一个相对于所要观察的事物进行一定运动的观察者。"

"可是我们知道，确实是车上的乘客比售票员老得慢——这是个无法回避的事实嘛。"接着，汤普金斯先生便描述了他上次碰到那位经常外出的绅士和他的孙女的情形。

"好了，好了！"教授有点不耐烦地打断他的话。"这正好是双生子佯谬的重演。你大概还记得，我在第一次演讲中谈到过这个问题。那位祖父经常受到加速影响；同他的孙女不一样，他没有保持恒定的匀速运动状态。所以，当她祖父回到家里，两人可以面对面地进行比较时，孙女才预料祖父比自己老得慢，而真实情况确实如此。"

"这个我明白了，"汤普金斯先生赞同地说。"不过，还有个问题我不太明白。那位孙女可以利用相对论的时间延长效应来解释为什么她祖父比她年轻，这是没有问题的。但是祖父不会觉得很难解释孙女比自己老得快这件事吗？他怎么解释这件事呢？"

"哦，"教授回答道，"但是，这个问题我已经在第二次演讲中讨论过了，你还记得吗？"

这时汤普金斯先生只好说明他是怎么漏过那次演讲的，并且正想努力通过阅读讲稿把它补回来。

"我明白了。"教授扼要地说，"好吧，我来解释一下：为了使那位祖父能够理解所发生的事，他必须考虑到他自身的运动状态发生变化时他孙女身上会发生什么。"

"那他孙女身上发生了什么事呢？"汤普金斯先生问道。

"当他以匀速前进时，他的孙女老得比较慢，这是一般的时间延长。但是，一旦司机扳动制动阀，或者后来在回程中加速，那就会对他孙女的老化过程产生正好相反的效果：在那位祖父看来，他的孙女在加速老化。正是在这些短暂的非匀速运动的时间内，她的老化速度远远超过了祖父。因此，尽管她在家做匀速运动时老化速度更慢一些，但祖父回家时，产生的净效果却是他预料孙女比自己老得快，而真实情况确实如此。"

"真不可思议啊！"汤普金斯先生感叹说。"不过，关于这一点，科学家们有什么证据吗？有没有什么实验表明确实发生了这种不同的老化过程呢？"

"当然有啦。在我的第一次演讲里，我提到过在日内瓦的欧洲核子研究中心实验室里，那些环绕空心轮胎回旋的不稳定μ子。由于它们的速度接近光速，它们在衰变前的寿命要比实验室中静止不动的μ子长30倍。这种运动着的μ子就像那位祖父，它们在完成一圈圈短程的旅行，并且受到驱动它们前进和把它们带回出发点所需的力的作用。静止不动的μ子却像那位孙女，它们以正常的速度老化，因而比那些运动着的μ子更早地发生衰变——或者说更早地死亡。

"事实上，还有另一种检验方法，那是一种间接方法。其实在非匀速运动的系统中所存在的条件，和一个非常大的引力的作用结果，是十分相似的——也许，我应该说它们是完全相同的。你可能已经注意到，当你乘电梯很快地加速向上升的时候，你就觉得自己似乎变得重一些；相反，如果电梯往下降，你就觉得自己的体重减轻了（要是系住电梯的钢绳断了，你会更清楚地感受到这一点）。这是地球的引力加上或扣去加速度所产生的引力场。加速度与引力之间的这种等效关系，意味着我们可以通过考察引力对时间所产生的效应，去研究加速度所产生的效应。我们已经发现，地球的引力会使处在高塔塔顶的原子比塔底的原子振动得更快。这正好是爱因斯坦所预言的加速度应该产生的效应。"

汤普金斯先生皱着眉头。他看不出塔顶原子的加速振动同那位孙女的加速老化有什么关系。教授注意到他的困惑，便继续说下去。

"设想你从塔底向上观察塔顶发生的这种加速原子振动吧。这时，你一直受到一种外力的作用：为了抵消地心引力的作用，地板一直在向上推着你。正是这个向上的力起作用，加快了被向上推的物体的时间进程。塔顶的原子离你越远，你同这些原子之间的所谓的引力势差就越大，而这又意味着，与那些同你一起待在塔底的原子相比，塔顶的原子会振动得更快。"

"同样地，如果你在这列火车上也受到某种外力的作用……"教授中断了一会儿，"事实上，我感觉现在我们的速度正在慢下来，司机已经在使用制动阀了。太好了，就在这个时候，你座椅的靠背正在对你施加一个力，让你的速度发生变化。这是一种朝向火车后方的作用。在发生这种作用的时候，一切物体顺着这个方向发生的时间过程都会变得更快。要是你说的那位孙女就在那里的话，她身上也会发生这种情形。"

"现在我们到哪里了？"他望着窗外问道。

火车这时正从一个乡村小站的月台旁边驶过，月台上只有一位检票员和一位正坐在远处售票处窗户下读报纸的售票员。突然，检票员双手向天举起，然后一下子扑倒在地上。汤普金斯先生没有听到枪声，也有可能被火车的噪声淹没了，但是，检票员身上流出一大滩血，大家一下都明白发生了什么。教授马上扳下紧急刹车阀，火车猛地停下了。当他们走出车厢的时候，那个年轻的售票员正在向尸体跑去，拾起一把手枪，这时，有一个乡村警察也赶到了现场。

"子弹从心脏穿过，"警察检查尸体以后说道。然后，他转过身对年轻的售票员说："我现在宣布逮捕你这个杀害检票员的凶手。把枪交出来！"

售票员一脸惊恐地看着那把枪。"那不是我的枪！"他喊了起来，"我是刚刚把它拾起来的，我当时正在看报，听到枪声，我就跑过来，看到枪在地上。它一定是凶手逃跑时扔下的。"

"故事编得真不错！"警察说。

"我告诉你，"售票员坚持说，"我没有杀他。我干嘛要对老检票员做那种事呢……"他绝望地看看四周，然后指着汤普金斯先生和教授说，"从火车上下来的这两位先生，大概全都看到了，他们可以证明，我是无罪的。"

WHAT YOU SAW COUNTS FOR NOTHING

你所看见的事情，什么也证明不了

"是的，"汤普金斯先生说，"我亲眼看见，当检票员被枪杀的时候，这个人正在看报，当时他手上并没有枪。我可以手按《圣经》起誓。"①

————
① 欧美信奉基督教的国家都认为《圣经》是最神圣的东西，所以，不管是总统就职，还是证人在法庭上作证，都要把右手放在《圣经》上宣誓，以示郑重。——译者注

"但是，你当时是在一列正在行驶的火车上，"警察用权威的声调说，"这样，你所看见的事情，就什么也证明不了。因为从月台上看，这个人在那个瞬间可能正好在开枪。而从你的角度看，他可能还在读报纸。难道你不知道，两件事是不是同时发生，这取决于你从哪一个系统观察问题吗？乖乖地走吧。"他转向那个检票员说。

"不好意思，警察先生，"教授插了进来，"可是，你完全错了。我不认为，到了警察总局，他们也会像你这样疏忽。确实，在你们国家里，同时性这个概念确实是高度相对的。在不同地点所发生的两个事件是不是同时，也确实取决于观察者的运动状态。但是，即使在你们国家里，也没有一个人能够看到后果发生在起因之前。你永远不能在一封电报还没有发出的时候，就收到这封电报，不是吗？难道你能够在打开酒瓶以前，就把瓶里的酒喝下去？而目前的事实是：我们是在看到检票员倒下去以后，才看见这个售票员拾起那把枪的。按照我的理解，你大概是认为由于火车在运动，我们有可能先看见检票员挨了一枪倒下去，然后再看到凶手开枪把他打死。但是，尊敬的警察先生，我必须指出，这是完全不可能的，哪怕是在你们这个国家里也不例外。我知道，在警察部队里，你们必须严格遵守工作细则，你要是看看工作细则，也许你能找到一些有关目前情况的说明。"

教授说话的权威语气深深打动了那个警察，于是，他拿出袖珍工作细则，开始缓慢地一段段找下去。不久，他脸上露出了尴尬的笑容，脸也红了起来。

"啊，我找到你说的了，"他说，"第 37 节第 12 款第 5 条：'如有确凿证据证明在犯罪瞬时或在时间间隔 $\pm d/c$ 内①（ $c$ 是天然速度极限， $d$ 是离犯罪地点的距离），有人从正在运动的系统上看见某嫌疑犯在作另一件事，均应认为是该犯当时不在犯罪之完善证明。'"

"非常抱歉，先生。不好意思刚刚出了一些差错，我真诚地向您道歉。"

---

① 原文误为 $\pm cd$ ，现据文意改正。——译者注

年轻的售票员如释重负。警察又转向教授："太感谢您了，先生，要不然，我在总局会碰到麻烦的。我刚当警察不久，这些条文我还不太熟悉。但是，现在请允许我失陪一下，因为我需要把凶杀案报告上去。"说着，他走过去打电话。过了一会儿，汤普金斯先生和教授要回到火车上，检票员一脸感激地跟他们告别。这时，警察从月台那边喊道："告诉你们一个好消息，真正的凶手被逮住了，他正跑出车站，就被我的同事抓住了，再一次谢谢你们！"

"我大概是太笨了，"汤普金斯先生在火车上再次坐下后说道，"不过，你们关于同时不同时的这一大堆讨论，到底是怎么回事呢？难道在这个国家里，同时性真的没有任何意义吗？"

"当然有意义，"教授答道，"但它有一定的适用范围，要不然，我根本无法帮助那个售票员了。你知道，任何物体的运动或任何信号的传播都存在着一个天然速度极限，这一事实使得同时性这个词失去了它普通字面上的意义。这一点，通过下面的例子，你会更容易明白一些。假定你有个朋友住在很远的一个城市，你通过写信同他保持联系，并且飞机是最快的交通工具，航空信要跑 3 天才能从你住的城市到达他住的城市。现在再假定你在星期天出了一件事，并且你知道，同样的事也要降临到你的朋友头上。很明显，在星期三以前，你是无法让他知道这一点的。从另一方面说，如果他提前知道你要出这件事，那么，他能够事先通知你的最晚的时间，是上一个星期四。这样，从上一个星期四到下一个星期三这 6 天里，你的朋友既不能影响你星期天的遭遇，也无法得知你是不是出了事。因此，从因果关系的角度来看，可以说，他有 6 天同你断绝了联系。"

"他可以发一封电子邮件啊，"汤普金斯先生建议。

"不过，为了便于讨论，就送信而言，我们假设载有信件的飞机的速度是最大的可能速度了，而实际上，光速是最大的速度，就送信而言，包括无线电波在内的各种电磁波才是最快的。不管你发送什么信号，也不能比用无线电更快。"

"不好意思，我还是不明白你的意思，这个跟同时性又有什么关系呢？"汤普金斯先生问道。

"那么，"教授说，"我来举个吃星期天午饭的例子。你和你的朋友都在吃星期天的午饭。但你们真的是同时在吃午饭吗？有的观察者会说你们是同时在吃饭，但也有一些观察者是从不同的火车上进行观察的，他们就会坚持说，当你在吃星期天的晚饭时，你的朋友正在吃星期五的早饭或是星期二的午饭。但是，重点是在3天以外，谁也没有办法观察到你和你的朋友在同时吃东西了。如果你说你能的话，那就会自相矛盾。例如，你可以把自己周日午餐的剩菜通过邮政列车寄给朋友让他周日中午吃。你吃完了周日午餐才寄剩菜，观察者怎么会相信你们是同时在吃饭呢？而且……"

正在这时，他们的谈话被打断了，因为火车突然摇晃了一下，汤普金斯先生醒了过来。他们的火车到站了，停了下来。汤普金斯先生急匆匆地拿了自己的行李走下火车，开始找旅馆。

教授就坐在对面角落那张餐桌边。这其实也不算巧合。汤普金斯先生去大学里拿演讲稿的时候，秘书曾提醒他教授下周的讲座取消了，因为他下周要休假。当汤普金斯先生跟秘书说他也想去个不错的地方度假时，秘书提到了教授度假的地方，那正是汤普金斯先生最喜欢的度假地之一，不过他已经好几年没去过了。他随即想到可以跟教授去相同的地方度假，这就是为什么最后他们能在同一个海边小镇相遇了，不过汤普金斯先生没想到他能跟教授选择同一家旅馆。

汤普金斯来到海边的那个早上，当他下楼到旅馆那个长长的玻璃走廊里去吃早饭的时候，一桩意外的事情正在等着他。不过，比教授更吸引他注意力的是坐在他对面的那位女士：她穿着休闲，不是非常漂亮但也很有气质，身材娇小，举止文雅，说话谈笑时修长的手指会做出很多手势。汤普金斯先生估摸她刚刚 30 岁出头——可能比他自己小几岁。他想不出为什么这样一个年轻女人会看中像教授那样的老头。

这时，她不经意地朝着他的方向瞟了一眼。他还没有来得及把目光移开，她就已经发现他在盯着她了，这使他觉得十分狼狈。不过，她只是很有礼貌地对他笑了笑，便立即转向她的同伴。而教授刚才也随着她望了过来，现在正认真地审视着汤普金斯先生。当他们的目光碰到一起时，他疑惑地点了点头，似乎在说："你是从哪里钻出来的吗？"

汤普金斯先生觉得最好还是过去自我介绍一下。第二次向别人介绍自己当然是十分可笑的，可是，他现在已经意识到，昨天在火车上的相遇只不过是一场梦而已。这时，教授很热情地邀请他换个桌子，同他们一起进餐。

"顺便介绍一下，这是我的女儿慕德。"他说。

"啊，你的女儿！"汤普金斯先生喊了起来。

"有什么不对头吗？"教授问道。

"没——没有，"汤普金斯先生结结巴巴地说："没有，当然没有。很高兴认识你，慕德！"

她微笑着伸出了手。他们回到座位上要了早餐之后，教授转向汤普金斯先生问道："那么，关于我上次演讲中介绍弯曲空间的那些内容，你是怎么理解的……"

"爸！"慕德很有风度地想阻止他，但他却没有理睬。这样，汤普金斯先生又不得不为自己漏过那次演讲而道歉，虽然好像是第二次这样做。不过，听说他已经费心弄到那次演讲的讲稿，并且正在努力想弄懂它，教授还是被深深地感动了。

"不错，你显然很好学，"他说，"要是我们都讨厌成天躺在沙滩上无所事事的话，我倒是可以为你当一回家庭教师呢。"

很高兴认识你，慕德

"爸！"慕德气得要爆炸了。"这并不是我们到这里来的目的啊！人家劝你到这里来，是想让你抛开工作，好好休息一星期的。"

教授只是笑了笑。"总是爱数落我！"他慈爱地轻轻拍着她的手背说，"这次休假是她的主意。"

"也是你的医生的主意啊，你不记得了？"她提醒道。

"得，不管怎样说，"汤普金斯先生赶紧转换了话题，"我确实从你的第一次演讲学到了许多东西。"他一边笑，一边接着描述他梦见相对论王国的情形——街道如何明显地缩短，时间延长效应又是怎样神奇地表现出来。

"你看，我对你说过什么来着。我常常说，"慕德对她父亲说，"要是你想作科普演讲，你就应该把内容讲得更具体一些。人们必定会把你所讲的各种效应同日常生活中的事情联系起来。我认为你应该在演讲中把相对论王国的事也包括进去，从汤普金斯先生这里得到一点启发。你就是太抽象，太——太学院气了。"

"太学院气，"教授笑嘻嘻地重复了一遍，"她总是这样说我。"

"你就是这样嘛！"

　　"好了，好了，"教授让步了，"我会考虑的。不过，"他转向汤普金斯先生补充道，"你描述的那些现象并不是真的。即使速度的极限真的只有20英里/小时，你也不会看见行驶中的自行车变扁的。"

　　"为什么不会？"汤普金斯先生问道，他显得十分困惑。

　　"也不能这么说。问题在于，你用眼睛看到的或者用照相机拍下的东西是什么样的，这取决于在同一瞬间到达你的眼睛或镜头的光的来源。如果从自行车后端发出的光要比前端发出的光走更长的距离才能到达你这里，那么，来自前后两端但却同时到达某一特定点的光，必定是在不同的时间发出的，也就是说，发出前端的光和后端的光的时候，自行车的位置并不相同。在发出后端的光时，后端的位置已经前进了一段路，因此，人们也会觉得它来自后一个位置……"

　　汤普金斯先生没有完全听懂这一点，所以教授便停了下来。他想了一会儿，然后耸耸肩膀。

　　"这没多大关系。我要说的是，由于光速是有限的，你所看见的东西便变形了。实际上，你在相对论王国里所看到的，应该是一辆似乎倒转过来的自行车。"

　　"倒转过来！"汤普金斯先生叫了起来。

　　"是的，情形正好是这样。那辆自行车看起来像倒转过来，而不是变扁了。只有在你得到这种不完善的观察结果——比方说是你拍下的照片上的数据，并且充分考虑到到达照片上不同点的光会有不同的传播时间，再去进行计算时（注意，我说的是计算，而不是看）——只有到这个时候，你才能得出结论，为了得到这张照片上的图像，自行车的长度必定缩短了，或者说它变扁了。"

　　"你又来啦，完全是学院式的鸡蛋里挑骨头！"慕德插嘴道。

　　"鸡蛋里挑骨头！"教授发火了，"完全没有的事嘛……"

"得,我该回房间去了。我得去拿我的写生簿。"她声明,"就让你们两人去讨论吧!午饭见!"

慕德走后,汤普金斯先生发表了评论:"我想,她大概很喜欢学画。"

"学画?"教授给了他一个警告的眼神,"我可不能让她知道你这样说她。慕德是个美术家——一个专业的美术家。她已经颇有些名气了。你知道,并不是人人都能在邦德大街的美术馆办个人作品回顾展的呀。上个月的《泰晤士报》就有一篇关于她的侧面报道。"

"哇,"汤普金斯先生喊道,"你一定很为她而自豪吧?!"

"的确是这样。一切都变得很好,非常好——最后。"

"最后?你指的是什么?"

"没什么,只是刚开始我没想到她会成为一个艺术家。有一个时期,她是准备成为一个物理学家的。她很出色,在大学里,她的数学和物理学都是班上第一。可是后来,她突然把它们全都放弃了。就是这样……"他的声音低了下来。

教授定了定神,接着往下说:"不过,正像我说过的,她已经有了成就,她也很快乐。那么,我还想要什么呢?"他透过餐厅的窗子往外看着。"愿意同我在一起吗?我们可以在他们全都出去以前,抢占两张帆布靠椅,然后……"他四面看了看,确信慕德不在旁边以后,他用策划阴谋者的口气说,"然后,我们就可以专门谈个痛快了。"

于是,他们走到海滩上,找了一个清静的地方坐下。

"好了,"教授开始说了,"让我们谈谈弯曲空间吧。

"为了简单起见,我们就拿个表面——一个很像地球的二维表面——作为例子吧!让我们想象,壳牌先生——你知道,他拥有许许多多加油站——决定查一查,看看他的加油站在某一个国家里,就说美国吧,是不是分布得很均匀。为了这样做,他给设在这个国家中部(例如堪萨斯市)的办事处下了一道命令，要它计算出离这个城市 100 千米以内、200 千米以内、300 千米以内加油站的数量。他从上学的时候就记住，圆的面积同半径的平方成正比，所以，他预料在均匀分布的情况下，这样计算出的加油站数目应该像数列 1，4，9，16，……那样增加。但是，当报告送上来的时候，他却极为惊讶地看到，加油站实际数目的增长要慢一些，我们就说它是按数列 1，3.8，8.5，15.0，……增长吧！'这是怎么搞的，'他喊起来了，'我在美国的经理不懂得他们的业务。把加油站都集中在堪萨斯市附近，这算是什么了不起的想法呢？'可是，他这个结论作得对头吗？"

"听起来挺对头的，"汤普金斯先生赞同道。

"不对头，"教授严肃地说，"他忘了，地球的表面不是平面，而是一个球面，而在球面上，某一半径的面积随半径的增大，要比在平面上慢一些。你真的看不出这一点吗？看那边的球。"他指给汤普金斯先生看，旁边一个女孩正跟父亲玩沙滩排球。"假设那是地球，而你正好站在北极，那么，半

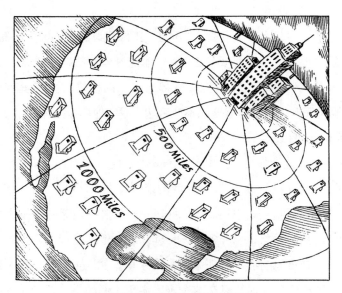

加油站都集中在堪萨斯市附近

径等于经线的一半的圆就是赤道，它所包含的面积就是北半球。把半径再增加 1 倍，你所得到的就是整个地球的面积了；这时，面积只增大 1 倍，而不像在平面上那样增大到 4 倍。这种差别是由表面的正曲率造成的。现在你明白了吗？"

"明白了，"汤普金斯先生说，"但是为什么你说是正曲率，难道还有负曲率？"

"当然有了，"他的眼睛在海滩上四处搜寻了一会，"看那里，正好有个负曲率的例子。"他指着一头驮着一个小孩的驴子说，"那头驴子身上的鞍部的表面就是负曲率的一个例子。"

"鞍部？"汤普金斯先生又重复了一遍。

"对，或者，也可以用地面上两座山之间的鞍形山口作例子。设想有个植物学家，住在一间建在这种鞍形山口的茅屋里，他对茅屋周围松树的生长密度很感兴趣。如果他计算生长在离茅屋 33 米、66 米、99 米……范围内的松树的数目，他就会发现，松树的数目比按距离平方规律增长得快，这与我们刚刚说的地球表面的例子完全相反。问题在于，在鞍形面上，某一半径所包含的面积，要比在平面上大一些。人们把这样的表面称为具有负曲率的表面。如果你想把一个鞍形面铺开在平面上，有些地方就得折叠起来；但是，在把球面铺成平面时，如果它没有弹性，你就得把它撕开一些裂口才行。"

"我明白了，"汤普金斯先生说，"关于这些鞍形面，还有一点需要强调。"教授继续说，"球面面积是有限的（ $4\pi r^2$ ），球面继续延伸会在背面闭合成一个球体。"

"鞍形面则完全不同，实际上，鞍形面在各个方向都向无限大展延，它永远不会闭合。当然啦，在我所举的鞍形山口的例子里，只要你走出山区，表面就不再具有负曲率了，因为这时你已经进入按正曲率弯曲的地面了。但是，你当然能够想象到，一个处处保持负曲率的表面会是什么样的。"

66米

33米

建在鞍形山口的小茅屋

"嗯，"汤普金斯先生说，"请恕我直言，这听起来很简单啊，您为什么还给我讲了这么多呢？"

"因为这也适用于三维空间，不仅仅适用于二维或我们刚刚讨论过的表面。三维空间也可以是弯曲的。"

"不过，这怎样用到三维的弯曲空间中呢？"

"办法完全相同。假设天体在整个空间中——这里指的是三维空间，而不是加油站均匀分布的二维地球平面——均匀地分布，这些天体可以是恒星、静止的星系（一群散落在空间内高速旋转的恒星），或者是星系团。假设这些星系团几乎是平均分布的，我的意思是它们之间的距离永远相同。如果这个数目同距离的立方成比例地增大，这个空间就是平面的空间。（你肯定知道，根据通常的欧几里得几何，球体的体积与其半径的立方成正比。）"
汤普金斯先生点了点头表示自己知道。"那么，"教授继续说，"如果星系团的体积同距离的立方成正比，那么，这个空间就是平面的，或者说是一个欧几里得几何平面。如果增大的速度比距离的立方慢一些（或快一些），那么，这个空间就具有正曲率（或负曲率）。"

"这么说来，在空间具有正曲率的场合下，在一定距离内的体积就小一些，而在负曲率的场合下，体积就大一些了？"汤普金斯先生惊讶地说。

"正是这样，"教授笑了。

"但这就意味着，如果空间具有正曲率，就像我们周围的空间，那么那个沙滩排球的体积就不是 $\frac{4}{3}\pi r^3$，而是更小？"

"对。如果空间具有负曲率，体积则更大。你要知道，"教授补充道，"像沙滩排球那么小的球体，体积的差别其实非常小，几乎可以忽视。我们只能用来测量非常遥远的距离，例如用于研究天文。这就是为什么我一直在说散落在宇宙中的那些星系团之间的距离。"

"这实在太出人意料了。"汤普金斯先生嘟哝着。

"是的，"教授同意他的说法，"但是还有更离奇的呢。如果曲率是负的，我们就应该期望三维空间朝着所有方向无穷尽地向外扩展，就像二维的鞍形曲面那样。从另一方面说，如果曲率是正的，那就意味着三维空间是有限的，并且是封闭的。"

"这是什么意思呢？"

"什么意思？"教授想了一会儿，"这个意思就是说，如果你乘坐宇宙飞船从地球的北极竖直地朝上飞去，并且一直沿着直线保持同样的方向不变，那么，最后你就会从相反的方向回到地球，在地球的南极着陆。"

"但是，这是不可能的呀！"汤普金斯先生喊了起来。

"从前人们不是也认为环球旅行是不可能的吗？过去，人们认为地球是平坦的，所以，如果一个探险家一直准确无误地朝西走去，人们就相信他会离出发点越来越远；可是，后来却发现他从东方回到了他的出发点。这不是一样的道理吗?！还有……"

"别再还有啦！"汤普金斯先生想阻止教授再说下去——他的脑袋瓜已经晕了。

"我们的宇宙正在膨胀着，"教授不理睬他的反对，继续往下说，"我对你说过的那些星系和星系团正在彼此退行，拉大距离。星系离我们越远，它们飞散的速度越快。这都是大爆炸产生的结果。对了，你听说过大爆炸吗?"

汤普金斯先生点点头，心里却在想慕德到底上哪里去了。

"好的，"教授接着说，"宇宙就是这样开始的。最初，就是从一个点发生的大爆炸产生了宇宙万物。在大爆炸以前，什么东西都没有：没有空间，没有时间，绝对没有一切。大爆炸是宇宙万物的开始。后来，各个星系团就一直在彼此飞散。不过，由于它们之间互相施加着万有引力，它们飞散的速度正在逐渐减慢。这里还有一个关键问题，那就是：各个星系团飞散的速度究竟是快到能够逃脱万有引力的吸引呢（如果能够，宇宙就将永无止境地膨胀下去），还是它们有朝一日会停止飞散，然后又被万有引力拉回到一起。如果它们被拉回来，那就会发生一次大挤压。"

"在发生大挤压以后，会发生什么事呢?"汤普金斯先生问道，他的兴趣被这个问题重新唤醒了。

"那可能就是世界的末日——宇宙不复存在。不过，也可能发生反复——一种大反复。也就是说，宇宙可能是脉动：先是膨胀，接着是收缩，然后又是另一个膨胀和收缩的循环，并且就这样一直反复循环下去，直到永远。"

"那么，宇宙到底属于哪一种?"汤普金斯先生问道，"它是会永无止境地膨胀下去，还是有朝一日会变成大挤压呢?"

"我也不敢说。这取决于宇宙中物质的数量——究竟有多少物质在产生那种使膨胀速度减慢的万有引力。现在似乎处于微妙的平衡状态。物质的平均密度接近所谓的临界值，这一临界值使上述两种情形都不会发生。但是我们还很难说它到底有多大，因为我们现在已经知道，宇宙中的绝大多数物质不会发光，它们不像束缚在恒星上的物质那样闪闪发光。所以，我们把它们叫作暗物质。由于它们是暗的，要想探测到它们便困难得多了。不过我们已经知道，它们至少占宇宙中全部物质的 99%，而且正是它们使得总密度接近临界值。"

"太糟糕了，"汤普金斯先生评论说，"我真想知道宇宙要走的是哪条路。可是，密度的问题却让人难以判断，真是太倒霉了！"

"哦——你说得也对也不对。正是宇宙的密度（在所有可以采取的可能值当中）偏偏如此接近临界值这个事实，使人们猜想到其中必然有某种更深层的原因。许多人认为，在宇宙的初期，有某种起作用的机制自动引导密度采取那个特殊值。换句话说，密度如此接近临界值绝非巧合，这不是由于某种偶然事件而发生的，实际上，宇宙的密度就必须具有临界值。事实上，我们以为现在我们已经知道那个机制是什么了，它被称为暴涨理论……"

"你又在说些莫名其妙的话啦，爸！"

慕德的到来让两人都大吃一惊。她是从他们后面走出来的，当时他们还在专心致志地谈话呢。"歇一会儿吧。"她说。

"我们马上就谈完了，"教授还是不肯停下，他又转向他的朋友继续说，"在我们被她这样没有礼貌地打断之前，我正想告诉你，我们所谈过的这些事情全都是彼此相关的。如果物质的数量多到足以产生大挤压，那么也就足以产生正曲率，结果，宇宙将具有有限的体积，成为一个封闭的宇宙。但是，如果物质的数量不够多……"他停了下来，对汤普金斯先生做了个手势，表示现在该轮到他把这个故事接着讲下去了。

"呃，如果，如果像你说的，物质的数量不够多……呃……"汤普金斯先生感到非常尴尬——这不光是因为他觉得自己在老师面前表现得很愚蠢，还因为他想到慕德就在一旁认真地听着，他就更紧张尴尬了。"是的，我是想说，如果物质的数量不够多，不能达到临界密度，那么，宇宙就会永远膨胀下去，并且——并且——呃，我只不过是猜想……猜想会出现负曲率……并且宇宙会变得无限大……"

"太好了！"教授喊了起来，"多好的学生啊！"

"真的是非常好。"慕德同意说，"不过，我们全都知道，宇宙的密度很可能是临界值，所以最后会停止膨胀——但这只是在遥远的将来才会发生的事啦。这一切，我以前都听说过了。现在，你想不想去泡一泡？"

过了一会儿，汤普金斯先生才认识到慕德是在问他。"我吗?！你是说我要不要去游泳？"

"是的。你总不会认为我指的是他吧？"她笑了。

"呃，可是我还没有换衣服呢。我得回去拿我的游泳裤。"

"当然啦，我还以为你会一直穿着什么东西哩！"她带着调皮的神情说道。

# 4  教授那篇关于弯曲空间的演讲稿

女士们、先生们：

今天我所要讨论的问题，是弯曲空间及其与引力现象的关系。你们当中任何一个人都能够很容易地想象出一条曲线或一个曲面，对于这一点，我是一点也不怀疑的；但是，三维的弯曲空间，你们能想象出来吗？好像很难在脑  海里形成一个画面。要想象出弯曲的三维空间，我们就得从"外面"观察它，就像我们观察二维曲面的弯曲时也需要观察它如何向第三维延伸一样。但是，除了想象，我们还有一种方法来研究曲率，那就是数学的方法。

首先，让我们来看二维曲面的曲率。我们数学家说某个面是弯曲的，那是说，我们在这个面上所画的几何图形的性质，不同于在平面上所画的同一几何图形的性质，并且，我们用它们偏离欧几里得①古典法则的程度来衡量曲率的大小。如果你在一张平坦的纸上画一个三角形，那么，正如你从初等几何学所得知的那样，这个三角形三个角的总和等于两个直角。你可以把这张纸弯成圆柱形、圆锥形，或者甚至弯成更复杂的形状，但是，画在这张纸上那个三角形的三个角之和，必定永远保持等于两个直角。

这种面的几何性质不随上述形变而改变，因此，从"内在"曲率的观点

---

① 欧几里得（Euclid），约公元前 330～前 275，古希腊数学家，几何学的奠基者。他所研究的几何学是平面几何。——译者注

看来，形变后所得到的各种面（尽管在一般概念中是弯曲的），事实上是和平面一样平坦的。

但是，你要是不把一张纸撕破，你就无法把它很好地贴合在球面上或鞍形面上，这是因为球面的几何性质与平面上的几何性质完全不同。以球面上的三角形为例，要在球面上画一个三角形，我们也需要画三条"直线"。与在平面上一样，我们将曲面上的"直线"定义为两点之间的最短距离。这样的"直线"其实是圆圈上的一段弧线，而这些圆圈是由球面与经过球心的平面相交而成的（例如地球上的经线就是这样的大圆圈）。如果你想在一个球面上画一个三角形（即所谓球面三角形），那么，欧几里得几何学那些简单的定理就不再成立了。事实上，我们可以用北半球上任何两条半截的子午线（即经线）与两者之间那段赤道所构成的三角形作为例子，这时，三角形底边的两个角都是直角，而顶角则可以具有任意大的角度，这三个角之和显然大于两个直角。

同球面的情形相反，在鞍形面上，你会发现，三角形三个角之和永远小于两个直角。

可见，要确定一个面的曲率，必须研究这个面上的几何性质，而从外面来观察常常会产生错误。仅仅依靠这种观察，你大概会把圆柱面同环面划为一类，其实，前者是平面，后者则是具有曲率的曲面。学会曲率这一严格的数学概念后，你就不难明白，物理学家们在讨论我们所居住的空间到底是不是弯曲的时候，他们所指的是什么东西了。我们不需要跑到我们所居住的三维空间的"外面"去"看看"它是否弯曲；而可以留在这个空间中进行一些实验，看一下欧几里得几何学的普通定律是否还能成立。

但是，你们也许会觉得奇怪：为什么我们在一切场合下都应该指望空间的几何性质与已经成为"常识"的欧几里得几何有所不同呢？为了表明这种几何性质确实取决于各种物理条件，让我们设想有一个巨大的圆形舞台，像唱片那样绕着自己的轴匀速地转动着。再假设有一些小量尺，沿着从圆心到圆周上某一点的半径，头尾相接地排成一条直线；另一些量尺则沿着圆周排成一个圆。

在相对于那个安放舞台的房间静止不动的观察者 A 看来，当舞台在转动时，那些沿着舞台为圆周摆放的量尺是在其长度方向上运动，因此，它们会发生尺缩（正像我在第一次演讲中说过的那样）。这样一来，为了把圆周补全，所用的量尺就必须比舞台静止不动时更多一些。而那些沿着半径摆放的量尺，它们的长度方向正好同运动方向成直角，所以就不会发生尺缩，这样一来，不管舞台是不是在转动，都要用同样多的量尺去摆满从舞台的中心到圆周上某一点的距离。

可见，沿着圆周测出的距离 $C$（用所需要的量尺数目表示）必将大于一般情况下的 $2\pi r$，这里 $r$ 是所测出的半径。

我们知道，在观察者 A 看来，这一切都是合情合理的，因为沿着圆周摆放的量尺的运动产生了尺缩效应。但是，对于站在舞台中心而且随着舞台转动的观察者 B，情形又是什么样呢？她会怎样看待这个问题呢？由于她所看到的两组量尺的数目和观察者 A 相同，她同样会下结论说，这里的周长与半径之比不符合欧几里得几何学的定理。但是，假如舞台是处在一间没有窗子的封闭房子里，她就看不出舞台是在转动。那么，她会用什么原因来解释这种反常的几何性质呢？

观察者 B 可能并不知道舞台在转动，但是却会意识到在她周围正在发生某种奇怪的事情。她会注意到，放在舞台上不同地方的物体并不保持静止不动，它们全都从中心向外围进行加速运动，其加速度取决于它们的位置和中心的距离。换句话说，它们看起来都受到一种力（离心力）的支配。这是一种很奇怪的力，不管物体处在什么特定的位置，质量有多大，这个力总是以完全相同的加速度使它们向外围进行加速运动。换句话说，这种"力"似乎能够自动调整自己的强度去配合物体的质量，因而总能产生物体所处位置特有的加速度。因此，观察者 B 会作出结论说，在这种"力"与她发现的非欧几里得几何性质之间，必然存在着某种关系。

为了把圆周补全，需要用更多的量尺

不仅如此，我们还可以考虑一束光线前进时的路径。对于静止的观察者 A 来说，光线总是沿着直线传播的。但是，如果有一束光线贴着旋转舞台的表面穿过舞台，又会怎么样呢？尽管在观察者 A 看来，这束光线一直是沿着直线行进的，但是，它在旋转舞台的表面上划出的路径却并不是直线，这是因为这束光需要一定的时间才能穿过舞台，而在这段时间内，舞台已经转过一定的角度（这就像你用快刀在旋转的唱片上划一条直线时，唱片上的划痕会是一条曲线而不是直线那样）。因此，站在旋转舞台中心的观察者 B 会发现，那束光线在从舞台的一侧穿到另一侧时，并不是沿着直线、而是沿着曲线行进。她会像前面提到的周长与半径之比的场合那样，把这种现象归因于在她周围起作用的特殊物理条件所产生的那个特殊的"力"。

这种力不仅影响到几何性质（包括光线行进的路径），并且还影响着时间的进程。把一个钟表放在旋转舞台的外围，就可以把这种影响演示出来。观察者 B 会发现，这个钟表比放在舞台中心的钟表走得慢。从观察者 A 的角度来看，这个现象是最容易理解的，因为他注意到，那个放在外围的钟表在随着舞台的转动而运动，所以比起放在舞台中心、位置保持不变的钟表，它的时间便延长了（钟慢效应）。而观察者 B 由于没有意识到舞台的转动，必定把那个钟表走得慢归因于前面所说的那个"力"的存在。这样一来，我们便可以知道，不论是几何性质还是时间进程，都能够成为物理环境的函数。

现在我们再来讨论一种不同的物理场合——这是我们在地面附近发现的情形：一切物体都被地心引力吸向地面。这同旋转舞台上的一切物体都被甩向外围的情形有点相似。如果我们注意到下落的物体所得到的加速度只与其位置有关而与其质量无关时，这种相似性便更明显了。从下面要介绍的事例，我们甚至可以更加清楚地看到引力与加速运动之间的这种对应关系。

假设有一艘宇宙飞船，它自由自在地在空间中某个地方漂浮着，不管离哪一颗恒星都非常远，因而在飞船中不存在任何引力。那么，这艘飞船里的一切物体，包括乘坐它旅行的宇航员在内，就都没有任何重力，他们会像凡尔纳[①]著名的幻想小说中的阿尔丹及其旅伴在飞往月球的旅途中那样，自由自在地在空气中飘浮着。

现在，发动机开动了，我们的飞船开始运动，并且逐渐增大速度。这时在飞船内部会发生什么情况呢？很容易看出，只要飞船处在加速状态，飞船

---

① 凡尔纳（Jules Verne），1828～1905，著名法国科学幻想小说家。这里指的是他的《从地球到月球》一书。——译者注

内部的一切物体就会显示出朝着飞船底部方向运动的倾向，或者说，飞船底部将朝着这些物体运动——这两种说法是一码事。举个例子吧，要是我们的宇航员手中拿着一个苹果，然后撒手把它放开，那么，这个苹果必将以固定不变的速度——即放开苹果那一瞬间飞船运动速度——相对于周围的恒星继续运动。但是，飞船本身却在加大速度，结果，船舱的底部由于在整个时间里运动得越来越快，它最后必将赶上那个苹果，并且撞上它。从这个瞬时起，这个苹果就会永远同底部保持接触状态，并且靠稳定的加速度而压在底部上。

但是，在飞船内部的宇航员看来，这种情况却好像那个苹果在以固定的加速度"下落"，并且在击中底板以后，继续靠它自身的重力压在底板上。如果他再松手放开其他物体，他就会进一步发现，所有这些物体都以完全相同的加速度落下（如果忽略掉空气的摩擦力的话），于是他就会想起，这恰好就是伽利略①所发现的自由落体定理。事实上，他根本不能够发现在加速船舱中的现象与一般重力现象之间有一点点最细微的差别。他完全可以使用带钟摆的时钟，可以把书放在书架上而不必担心它们飞掉，还可以把爱因斯坦的照片挂在钉子上。大家知道，正是爱因斯坦最先指出，参考系的加速度是与重力场等效的，他还在这个基础上提出了所谓广义相对论。

但是，正像转动舞台那个例子一样，在这里，我们也会发现一些伽利略和牛顿在研究重力时所不知道的现象。这时，穿过船舱的光线将发生弯曲，并且随着飞船加速度的不同，而投射在对面墙上屏幕的不同地方。当然，在船舱外的观察者看来，这可以解释成光的匀速直线运动同飞船船舱的加速运动相叠加的结果。在船舱内的几何图形也必定是不正常的，由三条光线构成的三角形，它的三个角的总和并不等于两个直角，而一个圆的圆周与其直径

---

① 伽利略（Galileo Galilei），1564～1642，著名意大利科学家，古典物理学的奠基者之一。——译者注

之比则将大于通常的π值。在这里，我们所考虑的是加速系统的两个最简单

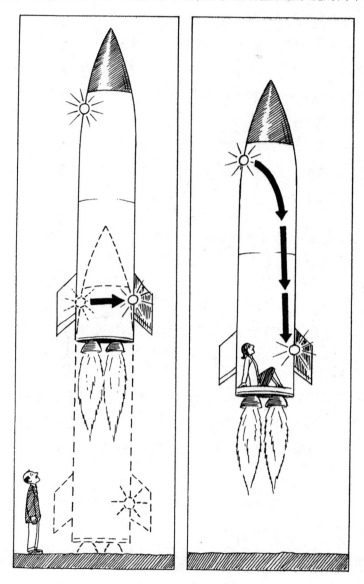

穿过加速飞行的飞船的光线

的例子，但是，上面所说的等效性，对于任何一个指定的刚性的（或不可变形的）参考系的运动也同样成立。

现在我们就要接触到最重要的问题了。我们刚才已经看到，在一个加速的参考系中，可以观察到许多在一般万有引力场中未曾观察到的现象。那么，像光线弯曲或钟表走慢这样的新现象，在由可测质量所产生的引力场中，是不是同样存在呢？

要量度光线在引力场中的曲率，利用前面提到的宇宙飞船那个例子比较方便。如果 $l$ 是船舱的跨距，那么，光线走过这段距离所需的时间就是

$$t = \frac{l}{c} \tag{5}$$

在这段时间内，以加速度 $g$ 运动的飞船所飞过的距离为 $L$，从初等力学的公式，我们知道

$$L = \frac{1}{2}gt^2 = \frac{1}{2}g\frac{l^2}{c^2} \tag{6}$$

因此，表示光线方向改变的角度具有如下的数量级

$$\Phi = \frac{L}{l} = \frac{1}{2}\frac{gl}{c^2} \tag{7}$$

光在引力场中走过的距离越大，$\Phi$ 的值也越大。当然，现在应该把宇宙飞船的加速度解释成重力加速度。如果我现在让一束光线穿过这个演讲厅，我可以粗略地取 $l=10$ 米。地面上的重力加速度 $g=9.81$ 米/秒$^2$，$c=3 \times 10^8$ 米/秒，所以

$$\Phi = \frac{1}{2}(9.81 \times 10)/(3 \times 10^8)^2 \approx 5 \times 10^{-16} 弧度 \tag{8}$$
$$\approx 10^{-10} 弧秒$$

这样，你们可以看出，在这种条件下，光线的曲率是肯定无法观察到的。但是，在太阳表面附近，$g=270$ 米/秒$^2$，并且光线在太阳的引力场中走过的路程是非常长的。精确的计算表明，一束光线从太阳表面附近经过时的偏转

值应该等于 1.75 弧秒。天文学家在日全食时观察到的、太阳旁边的恒星视位置的位移值就正好是这样大。现在由于天文学家利用了从类星体发出的强射电辐射，就不必再等到日全食时再进行测量了。从类星体发出并从太阳旁边穿过来的射电波，就是在大白天也可以毫无困难地被探测到。正是这些测量使我们能够最精确地测出光线的弯曲。

因此，我们可以作出结论说，我们在加速系统中发现的光线弯曲，实际上是和它在引力场中的弯曲相同的。那么，观察者 B 在旋转舞台上发现的另一个奇怪的现象——放在舞台外围的钟表走得比较慢，会不会也是这样呢？在地球重力场中，放在地面上空某个地方的钟表，会不会有类似的表现？换句话说，加速度所产生的效果与重力所产生的效果是否不仅非常相似，而且完全等同呢？

这个问题只能靠直接的实验来解答。事实上，这样的实验已经证明，时间是可以受到普通重力场的影响的。通过加速运动与引力场的等效关系所预料的效应是非常小的，这正是直到科学家们开始专门探索它们以后才能发现它们的原因。

用旋转舞台这个例子，很容易确定钟表速率变慢的数量级。从初等力学得知，作用在离中心的距离为 $r$、质量为 1 的粒子上的离心力，可由下面公式算出：

$$F = r\omega^2 \tag{9}$$

式中 $\omega$ 是转动舞台的固定的角速度。因此，这个力在粒子从中心运动到边缘时所做的总功是

$$W = \frac{1}{2}R^2\omega^2 \tag{10}$$

式中 $R$ 是舞台的半径。

按照上面所说的等效原理，我们应该把 $F$ 看作舞台上的引力，而把 $W$ 看作舞台中心与边缘之间的引力势之差。

我们应该记得，正像我在上一次演讲中所谈到的那样，以速度 $v$ 运动的时

钟要比不运动的时钟走得慢一些，两者相差一个因子

$$\sqrt{1-\left(\frac{v}{c}\right)^2}=1-\frac{1}{2}\left(\frac{v}{c}\right)^2+\cdots$$

如果 $v$ 同 $c$ 比起来非常小，我们可以把第二项以后的各项都略去不计。按照角速度的定义，$v=R\omega$，这样，"减慢因子"就变成

$$1-\frac{1}{2}\left(\frac{R\omega}{c}\right)^2=1-\frac{W}{c^2} \tag{11}$$

这是用两个地点的万有引力势差来表示的时钟速率的改变。

如果我们把一个时钟放在埃菲尔铁塔①（300 米高）的底部，再把另一个时钟放在塔顶，由于它们之间的势差非常之小，所以，放在底部的那个时钟走慢的因子只有

0.999 999 999 999 97

但是，地球表面上和太阳表面上的重力势差却大得多了，由此产生的减慢因子等于 0.999 999 5，这是用很精密的测量所能探测到的。当然，从来没有人想把普通时钟搬到太阳表面上去，看看它走得怎么样。物理学家们有一些更妙的办法，利用分光计，我们可以观察太阳表面上各种原子的振动周期，并把它们与同一种元素的原子在实验室本生灯火焰中的振动周期相比较。在太阳表面上，原子的振动应该比地面上慢一些，两者相差一个由公式（11）所给出的减慢因子，因此，它们所发出的光应该比地面光源的光稍红一些，也就是说，它们发出的光的频率会向光谱的红端移动。这种"红移"确实已经在太阳的光谱中观察到了，对于其他一些能够精确测定其光谱的恒星，也同样观察到这种效应，并且观察到的结果同我们的理论公式所给出的值相符。

现在，我们可以再回头讨论空间曲率的问题了。你们大概还记得，我们

---

① 埃菲尔铁塔在法国巴黎，是法国工程师埃菲尔在 1889 年为世界博览会建造的，现为巴黎电视中心。——译者注

曾经利用直线的最合理的定义得出结论说，在非匀速运动的参考系中所得到的几何图形是与欧几里得几何学不同的，因此，应该认为这样的空间是弯曲空间。既然任何一个重力场都同参考系的某种加速度等效，这也就意味着，任何一个有重力场存在的空间都是弯曲空间。我们还可以进一步说，重力场只不过是空间曲率的一种物理表现。因此，每一点上的空间曲率都应该由质量分布所决定，并且在重的物体（或天体）近旁，空间曲率应该达到其极大值。由于描述弯曲空间的性质及其与质量分布的关系的数学公式相当复杂，我无法在这里进行介绍。我只想提一提，这个曲率一般不是取决于一个量，而是取决于几个不同的量，这些量通常称为重力势的分量 $g_{\mu\nu}$，它们是我们前面用 $W$ 表示的古典物理学重力势的推广。与此相应，每一点上的曲率也由几个不同的曲率半径来描述，后者通常写成 $R_{\mu\nu}$，爱因斯坦用下面的基本方程式来描述这些曲率半径和质量分布的关系：

$$R_{\mu\nu} - \frac{1}{2}g_{\mu\nu}R = -8\pi G T_{\mu\nu} \qquad （12）$$

式中 $R$ 是另一种曲率，代表曲率起因的源项 $T_{\mu\nu}$ 取决于密度、速度和质量所产生的引力场的其他性质。$G$ 是大家熟悉的引力常数。

　　这个方程已经通过研究水星的运动而得到验证。这颗行星离太阳最近，因此，它的轨道最灵敏地反映出爱因斯坦基本方程的细节。已经发现，它的轨道的近日点（也就是这颗行星在沿其扁长椭圆形轨道运行时最接近太阳的那一点）在空间上并不是固定不变的，而是每转一圈都会系统地改变它相对于太阳的取向。这种进动，有一部分来源于其他行星的引力场对水星所起的摄动作用，有一部分可以用水星的质量由于其运动而产生的狭义相对论性增大来解释。但是，还剩下一个很小的剩余量（每世纪 43 弧秒）是无法用旧的牛顿万有引力理论来说明的，不过却很容易用广义相对论来解释。

　　对水星的观察连同前面所提到的其他实验结果，都证实了我们关于广义相对论的判断是正确的——这一引力理论是能够最好地解释我们在宇宙中实际看到的各种现象。

在结束这篇演讲之前，我想再指出方程（12）的两个很有意义的结论。如果我们所考虑的是一个均匀分布着质量的空间，比如像我们这个分布着恒星和星系的空间，那么，我们将得出这样一个结论：除了在各个分开的恒星附近偶尔出现很大的曲率以外，这个空间在正常情况下总是倾向于在大距离上均匀地弯曲。从数学上说，方程（12）有几种不同的解，其中有一些解相当于空间本身最后是封闭的，因而具有有限的体积；另一些解所代表的则是类似于鞍形面的无限空间，后者我已经在这篇演讲的开头提到过了。方程（12）的第二个重要的结果是：这样一些弯曲空间应该总是处在膨胀（或收缩）的状态中，从物理学上说，这就意味着分布在这种空间中的粒子应该不断彼此飞离（或者正好相反，应该不断相互靠拢）。不仅如此，我们还可以证明，对于体积有限的封闭空间来说，膨胀和收缩是周期性地相互交替着的——这就是所谓脉动宇宙。但是，无限的"类鞍形"空间则始终不变地处在膨胀状态中。

在数学上各种不同的可能解当中，究竟哪一个解同我们所居住的空间相适应呢——这个问题只能依靠对星系团的运动（包括它们彼此飞散的速度减慢的情况）进行实验观察来解答，或者也可以把宇宙现有的全部质量加在一起，再计算出减慢的效果会有多大。目前，天文学所得到的证据还不太明确。但是，有一点是肯定的——我们这个空间目前正在膨胀着。不过，这种膨胀有朝一日会不会转变成收缩？我们这个空间的大小究竟是有限的还是无限的？这两个问题现在都还没有明确的答案。

# 5 汤普金斯先生访问
## 一个封闭宇宙

来到海滨旅馆的第一个晚上，汤普金斯先生在晚餐后同老教授扯了一通宇宙论，又同他女儿大谈了一番艺术，最后终于回到自己的房间，瘫倒在床上，把毯子拉到头上盖住。在他那疲倦的头脑中，包提柴里①和邦迪②、达利③和霍伊尔④、勒梅特⑤和拉芳坦⑥全都搅在一起，最后他终于沉沉入睡……半夜的什么时候，他突然醒了，并且惊奇地感觉到，他不是躺在舒适的弹簧床上，而是躺在某种坚硬的东西上。他睁开眼睛，发现自己躺在一块大石头上——他最初认为这是海岸上的一块岩石。后来他发现，这实际上是一块非常大的岩石，直径约 10 米，它悬浮在空间中，没有任何看得见的东西支撑着它。岩石上覆盖着一些绿色的苔藓，在某些地方，从岩石的裂缝里长出一些小树丛。岩石周围的空间有某种朦朦胧胧的光，显

---

① 包提柴里（Botticelli），1444？～1510，著名意大利画家。——译者注

② 邦迪（Bondi），1919～2005，英国数学家兼天文学家，他在 1948 年最先提出"定态（稳恒态）宇宙理论"。按照这种理论，宇宙是无始无终，永远存在的，空间中星系的密度永远不变。——译者注

③ 达利（S. Dali），西班牙超现实主义画家和雕刻家。——译者注

④ 霍伊尔（F. Hoyle），1915～2001，英国天文学家，定态理论的拥护者。——译者注

⑤ 勒梅特（G. E. Lemaître），1894～1966，比利时天文学家，他在 1927 年提出宇宙的"大爆炸理论"，按照这种理论，宇宙是由一个原始的、极端致密的"宇宙蛋"爆炸而成的。——译者注

⑥ 拉芳坦（La Fontaine），1621～1695，法国诗人。——译者注

HE BECAME AWARE THAT HE WAS UNCOMFORTABLE

他躺在某种坚硬的东西上

得灰雾沉沉。事实上，空气中的灰尘比他任何时候见到过的都要多，甚至在记录美国中西部尘暴的影片中，也看不到这许多尘埃。他设法把手帕捂在鼻子上，然后才感到轻松得多。但是，在周围的空间中有一些比灰尘更危险的东西。一些像他脑袋那么大或甚至更大的石头，时不时从他那块岩石附近的空间飞过，掉落在周围的地面上。他还注意到，有一两块同他这一块差不多一样大的石头，在离他不太远的空间中飘浮着。这整段时间里，他一面仔细地环视着周围，一面牢牢地抱住岩石上突出的棱角，生怕跌下岩石，坠入下面那尘埃的深渊中。不过，他很快就鼓起勇气，试着爬到他那块岩石的边缘，想看看下面到底是不是真的没有任何东西支撑着它。当他这样爬着的时候，他非常惊讶地注意到，他并没有跌下去，并且，尽管他所爬过的距离已经超过岩石周长的 1/4，他却仍然一直被牢牢地吸在岩石的表面上。在他原来所处那个地方的反面有一条由松松垮垮的石头构成的脊背，他从脊背后面看去，发现空间中确实没有任何东西在支撑这块岩石。但是，更令他震惊的是，他的朋友老教授修长的身影竟出现在暗淡的光线中，他正忙着在笔记本上记录观察数据。

现在，汤普金斯先生开始慢慢地明白过来了。他想起在他上学的时候，人们就对他说过，地球是在空间中自由地绕着太阳转动的一块又大又圆的石头。地球上的万物都被吸往地心，因此不管你处在地球表面的任何地方，都不会"掉下去"。现在，他这块岩石就是一个非常小的行星，它把一切东西都吸引在它表面上，而他和老教授是这个小小行星上仅有的两个居民。这多少使他感到一些安慰：起码是不会有掉下去的危险了！

"早上好，真高兴再见到您。"汤普金斯先生说，想把老人的注意力从计算中转移过来。

教授从他的笔记本上抬起眼睛。"这里是没有早上这种东西的，"他说，"在这个宇宙中既没有太阳，也没有一颗发光的恒星。幸而这里各种物体的表面上都在发生某种化学过程，要不然，我就无法观察这个空间的膨胀了。"说着，他又回到他的笔记本上去了。

汤普金斯先生感到十分不愉快：在这整个宇宙中他竟只能找到一个活人，而这个人又是如此傲慢！出乎意料，一颗很小的流星帮了他的大忙。这块石头哗啦一声击中教授手里的笔记本，把它打了出去，使它离开他们这颗小行星，快速地穿过空间飞去。"天哪，笔记本上的内容重要吗？我觉得我们的引力应该不足以把它吸回来。现在你再也看不到它了。"汤普金斯先生说，因为笔记本正在飞入空间深处，变得越来越小。

"不用担心，"教授回答说，"你瞧，我们现在所处的这个空间并不是无限大的。哦，对了，我明白了，你在学校里学过什么空间是无限的啦，两条平行线永远不会相交啦，等等。但是，这些定律在我们现在所处的这个宇宙空间内并不成立。我们居住的那个宇宙确实巨大，据科学家们估计，它目前的直径大约有 $1 \times 10^{23}$ 千米，这在普通人看来，真的可说是无限大了。要是我的笔记本是在那里丢失的，它可就得经过非常非常长的时间，才能飞回来。不过，我们这里的情况完全不同。在笔记本从我的手中飞走之前，我刚刚计算出，我们这个空间的直径只有 8 千米左右，尽管它正在迅速地膨胀着。我估计，用不了半小时，笔记本就会飞回来了。"

"这个，"汤普金斯先生有点冒昧地问，"你是不是说，你的笔记本正在沿着直线作一种环形旅行，就像你上次说的，从地球的北极出发……"

"……却在南极着陆？是的，"教授答道，"正是这样。现在我的笔记本正在发生同样的事，除非它在路上撞上了其他石头，从而偏离了直线轨道。"

"这同我们这颗小小的行星想把它拉回来的引力有什么关系吗？"

"不，完全没有任何关系。就我们这颗行星的引力而论，它已经小到可以让那个笔记本跑到外太空去了。来，拿着望远镜，瞧瞧现在还能不能看见它。"

汤普金斯先生把望远镜凑到眼睛上，尽管灰尘让四周一切都模糊不清，他还是能隐约看到教授的笔记本正在穿过空间远远地飞去。他有点惊奇地发现，在那个距离上，一切物体都好像涂上了一层粉红色，连那个笔记本也是这样。

"啊，"过了片刻，汤普金斯先生喊道，"你的笔记本在往回飞了，我看到它变得越来越大。"

"不，"教授说，"它还在往远处飞哩。你看到它变大了，好像它正在飞回来——这只是一种幻象，是由于封闭的球形空间对光线有一种独特的聚焦效应而引起的，把望远镜给我。"他拿回望远镜，仔细地观察了一会儿，"的确是，就像我刚才所说的，它还在往远处飞。让我们再设想从地平面发出的光线在整个时间内一直沿着地球的曲面向前走——比方说是由于大气的折射作用吧。在这种条件下，如果有一个运动员从我们面前跑开，那么，不论他跑多远，我们都能够使用高倍数的望远镜在他的全部旅程中随时看到他。如果你观察地球仪，你就会看到，球面上那些很直的线——经线——先从地球仪的一个极点分散开来，但是，在经过赤道以后，便开始朝对面那个极点会聚了。假设光线沿着经线行进，而你自己正好处在一个极点上，那么，你就会看到，一个离开你远去的人在越过赤道以前，总是变得越来越小。但是，他一旦越过赤道，你就会看到他变得越来越大，因而你会觉得他正在往回走，但其实你看到的是他的后背。在他到达对面那个极点以后，你会看到他变得那么大，好像他就站在你身边似的。但是，你无法摸到他，就像你无法摸到球面镜中的影像那样。根据这个二维的比喻，你就可以想象到，光线在这个奇怪的弯曲了的三维空间中会发生什么情况。我想，现在那个笔记本的影像，大概已经离我们很近了。"

教授话音刚落，汤普金斯就看见笔记本离他们只有几米远了，而且离他们越来越近，根本不用望远镜就能看到它了。但是，这个笔记本现在看上去非常奇怪！它的轮廓模糊不清，似乎让水泡过一样，好不容易才能辨认出教授在上面写的公式。整个笔记本就像是一张焦距对得不准、又没有显影好的照片。

"现在你看到了，"教授说，"但这并不是真正的笔记本，只是它的影像而已，由于光线经过了半个宇宙，这个像已经严重地失真了。如果你还不完全相信这一点，那么仔细看，透过笔记本你还能看到其他的小行星呢。"

汤普金斯先生试图抓住笔记本，但是，他的手毫无阻碍地从笔记本的像穿过去了。

"笔记本本身嘛，"教授说，"现在已经非常靠近这个宇宙中同我们相对的那个极点了，你在这里所看到的，只不过是它的两个像——第二个像现在就在你后面。当两个像完全重合的时候，那个真正的笔记本就正好处在对面那个极点上了。"

但是，汤普金斯先生并没有听教授说话，他陷入沉思中，努力想回忆在初等光学课本中，是如何描述物体由凸面镜和透镜成像的。到最后，他也没能想起来，这时，他发现那两个像又在向相反的方向后退了。

"可是，到底是什么东西使空间弯曲，从而产生这些滑稽的后果呢？"他问教授。

"这是由于有可测质量存在，"教授回答道，"当牛顿发现万有引力定律时，他认为重力是一种普通的力，比如说，同在两个物体间拉紧的弹簧所产生的力属于同一类型。但是，这总是解释不了一个难以理解的事实：一切物体，不管有多重，尺寸有多大，总是具有同样大的加速度，并且总是在重力的作用下以同样的方式运动——当然啦，这是说你忽略了空气的摩擦力和诸如此类的东西。后来，爱因斯坦最先清楚地指出，有质物体的最主要的作用就是产生空间曲率，并且，一切物体在重力场中运动的轨道之所以会发生弯曲，只不过是由于空间本身是弯曲的。不过我想，你既然没有足够多的数学知识，是很难理解这一点的。"

"确实是这样，"汤普金斯先生说，"但是，请告诉我，如果没有物质，那么，我在学校里所学的那种几何学是不是成立？平行线是不是永远不会相交？"

"它们是不会相交的，"教授回答说，"不过，那时也没有什么物质的东西可以对这一点进行验证了。"

"得，也许连欧几里得也没有存在过，所以才能产生那种绝对空虚无物的空间的几何学？"

但是，教授显然不喜欢进行这种形而上学的讨论。

这个时候，笔记本的像已经沿着最初的方向飞得越来越远，然后又一次开始往回飞了。现在它比以前改变得更厉害了，简直无法把它辨认出来，这一点，按照教授的说法，是由于光线这一次环绕了整个宇宙而引起的。

"如果你再一次回头看看，"他对汤普金斯先生说，"你就会看到，我的笔记本在完成它环绕宇宙一周的旅行之后，终于回到我们这里来了。"说着，他伸手把笔记本抓住，把它放到口袋里。"你瞧，"他说，"在这个宇宙里，灰尘和石头太多了，我们几乎无法看到周围的世界。你看到我们周围那些无定形的影子了吗？那些很可能是我们自己和周围物体的像。不过，它们被灰尘和空间曲率的不规则性破坏得太厉害了，就连我也说不清哪个像是哪个物体造成的。"

"在我们过去居住的那个大宇宙里，是不是也有同样的效应？"汤普金斯先生问。

"大概是不会有的——如果我们关于宇宙的密度达到临界值的说法是正确的，那就不会有。不过，"教授眨眨眼补充说，"你得承认，我们一直在想这类事情，实在太可笑了，你同意吗？"

这时，天空的景象发生了显著的变化。现在周围似乎没有那么多尘埃，因此，汤普金斯先生拿下了那条一直捂在脸上的手帕。那些从身边飞过的小石块也少多了，击中他们这块岩石时的能量也同样小得多。最后，他们在一开始注意到的那几块同他们的岩石一样大的石头，也远远地飞走了，几乎看不到了。

"现在，周围终于不是那么可怕了，"汤普金斯先生说道，"我一直在担心那些乱飞的石头打到我身上哩。不过我感觉周围变得有点阴冷了。"他拿起一条毯子披在了身上。"你能不能解释解释我们周围所发生的变化？"他转向教授说。

"这是很容易的事。我们这个小小的宇宙正在迅速地膨胀着，从我们站在这里以来，它的直径已经从 8 千米扩大到 160 千米了。我一到这里，就从远处物体的变红注意到这种膨胀了。"

"对了，我也看到在很远的地方，每一种东西都带着红色，"汤普金斯先生说，"但是，为什么变红就表示物体在膨胀呢？"

"你是不是注意到过，"教授说，"一列朝着你开过来的火车，它的汽笛声显得非常高，而在火车从你身旁开过去以后，汽笛的声调就低得多了？这就是所谓多普勒①效应：音调（频率）的高低与声源的速度有关。当整个空间在膨胀的时候，其中的每一个物体都会彼此飞离，飞离的速度正比于它们与观察者之间的距离。因此，从这样的物体发射出的光就会变得红一些，从光学上说，这就相当于比较低的频率。物体离我们越远，它便运动得越快，因此，它在我们看来也就显得越红。我们原来居住的那个美好的宇宙同样也在膨胀着，在那个宇宙中，这种变红——我们把它称为宇宙学红移——使天文学家们能够测出极其遥远的星系的距离。例如，离我们最近的星系——所谓仙女座星系——所显示出的红移达到 0.05%，同这样大的红移相对应的距离，光线要 80 万年才能走完。但是，还有些星系已经处在现代望远镜所能达到的极限，它们所显示出的红移大约是 500%，与此相当的距离达到 100 亿光年。这些光线发射出来的时候，宇宙的大小还不到当前宇宙的 1/5。目前它的膨胀速率大约是每年 0.000 000 01%。而我们现在所处的这个小宇宙的膨胀则要快得多，它的半径大约每分钟增大 1%。"

"这种膨胀永远不会停止吗？"汤普金斯先生问道。

---

① 多普勒（Doppler），1803～1853，奥地利物理学家。——译者注

"当然是要停止的，"教授说，"然后就会开始收缩。每一个宇宙都在非常小的半径和非常大的半径之间脉动着。对于那个大宇宙来说，脉动的周期是相当长的，大约等于几十亿年，但是，我们现在这个小宇宙的脉动周期却很短，大约只有两个钟头。我认为，我们现在所观察到的就是膨胀到最大时的状态。你注意到现在有多么冷吗？"

事实上，充斥着这个宇宙的热辐射，由于现在分布在非常大的体积中，只能为这个小行星提供非常少的热量，因此，周围的温度大致在冰点上下。

"我们很走运，"教授说，"这里原来的辐射足够多，甚至膨胀到这个阶段还能提供一些热量。要不然，我们这块岩石周围的空气就可能凝成液体，把我们统统冻死。但是，现在已经开始收缩，马上又要热起来了。"

汤普金斯先生朝天空看去，他发现，远处所有物体的颜色都在从红变蓝，按照教授的解释，这是由于所有天体都已经开始朝着他们靠拢过来。他又想起教授刚才用迎面开过来的火车的汽笛声调较高所作的比喻。

"既然现在每一种东西都在收缩，那么，难道我们不应该想到，分布在这个宇宙中的所有大石头很快就会集中到一起，把我们挤得粉碎吗？"他担忧地问教授。

"真不知道你要花多长时间才能弄明白这个问题，"教授镇静地答道，"但是不用担心。我想，发生这种情况以前，温度就会变得非常非常高，这样，我们俩都会离解成一个个分开的原子。这就是我们那个大宇宙的末日的缩影——每一种东西都混在一起，形成一个均匀的、很热的气体球，只有到重新开始膨胀以后，才又开始出现新的生命。"

"我的天啊！"汤普金斯先生喃喃地说，"你说过，在那个大宇宙中，我们还要经过几十亿年才会碰上宇宙末日，而在这里，末日来得也太快了吧！我已经感觉太热了，尽管我只穿着睡衣。"

"你最好别把它脱掉，"教授说，"这是无济于事的。你还是躺下，静观其变。"

汤普金斯先生没有回答，热空气使他喘不过气来。尘埃现在变得非常稠密，把他完全包围起来，他觉得自己好像是裹在一条温暖柔和的毯子里滚动着。他扭了一下身子，想把自己解脱出来，这时，他的脑袋露了出来，他感觉到了寒冷的空气。他深深地吸了一口气。

"到底发生什么事啦?"他想问教授这是怎么回事，但却到处都找不到他。相反地，在朦胧的晨曦中，他认出了那熟悉的卧室中各种家具的轮廓。他自己正躺在床上，艰难地在毛毯中翻滚着，好不容易才把一只手从毛毯里挣脱出来。

"感谢上帝，我们仍然处在膨胀之中！"接着，他起床洗了个澡，一边刮胡子一边想，"幸好我侥幸逃脱回来了。"

# 6 宇宙之歌

　　这是他们度假的最后一个夜晚，汤普金斯先生和慕德
最后一次在海边沙滩上散步。从他们第一次见面以后，真
的只过去一个星期吗？虽然在开始时，他同她说话时总是
十分胆怯——他天生就是个很害羞的人，但是，现在他们
彼此已经非常熟悉，可以随意进行交流了。一个人竟然有
这么广泛的兴趣，确实是他以前想不到的事。不仅如此，
他还非常高兴地注意到，她同他在一起时似乎十分愉快，就像他自己一样。他
不可能去思考这是为什么。不过，教授有一次曾失口谈到他女儿过去曾跟一位
野心勃勃的高管订婚，后来却突然分手，这让她非常失望。也许她只不过是觉
得，他这个人和他那相当单调但却无忧无虑的生活让她感到安全。

　　他抬头望着天上的银河。"我应该说，你父亲给我打开了一个全新的世
界。遗憾的是，似乎大多数人满足于平平淡淡的生活，连想都没有想过要去
了解这个世界是多么不寻常。"

　　他拣起一把鹅卵石，懒洋洋地朝一块矗立在海面上的岩石扔过去。然后，
他很快地瞟了她一眼。"为什么你不愿意让我看看你的画稿呢？"

　　"我对你说过，它们不是那种随随便便给人家看的东西。它们是一些工
作草图——一些想法。只不过是一些想法，如此而已。我是想通过它们抓住
我在这个地方时的感觉。它们对你来说是没有任何意义的。只有在我回到画
室去处理它们的时候，才会有一些感觉再现出来——不过，有时也不会再现，

那要看情况了。"

"那么，我们回去以后，我可以去参观你的画室吗？"

"当然可以啦，"她回答说，"要是你不去，我倒会失望的。"

这时，他们已经走回旅馆了。汤普金斯先生要了饮料，他们最后一次坐在露台上眺望着大海。

"你父亲告诉我，从前有一段时间，你在物理学方面是挺拔尖的。"他议论说。

"啊，我不想谈那个，"她笑了，"那只是他一厢情愿的想法，他就希望我那样做。"

"是的。但是，你物理学学得很好，不是吗？"他坚持想问下去。

她耸了耸肩。"是的，你可以这样说。"

"那么，为什么……"

"为什么？"她重复了一遍，然后沉思了片刻，"啊，我自己也不知道。也许是十几岁孩子的逆反心理吧，我想，而且，那个时候要是女孩子对科学感兴趣的话，她的日子可就难过了。她们可以对生物学感兴趣，但是对物理学就不行。否则，她们将面临来自同伴的压力还有不理解，等等。现在就不一样啦——至少，现在不像当时那么糟糕。"

"可是，在你当时放弃了物理学以后，你怎么还能知道这么多物理学的事呢？"

"啊，事实上我并不知道。物理学的大部分内容，我早就忘得一干二净了，不过，天文学和宇宙学是例外，目前我仍旧时刻关注它们的进展。它们叫我想起……"她蛮有兴致地看着他。

"叫你想起什么？"他问道。

"想起了那台歌剧。"

"歌剧！"他大声喊道。"你——你这是什么意思？难道这同歌剧有什么关系吗？"

"啊，它并不是台名副其实的歌剧，"她笑着补充说，"只是业余创作，是好多年前我爸那个系里的一个人写的，内容全部是大爆炸理论同定态理论的斗争……"

"定态理论？那是什么东西？"他问道。

"定态理论认为，宇宙并不是从大爆炸开始的……"

"但是，我们都知道它是从大爆炸开始的呀。你父亲把一切关于宇宙在膨胀的事都告诉我啦。他说，在大爆炸以后，所有星系都在彼此飞散。"汤普金斯先生坚定地说。

"不过，星系的飞散并不能证明什么。有一些物理学家，像霍伊尔、邦迪和戈尔德等人，他们认为宇宙能够不断地自我更新。随着各个星系很快地飞散，在它们后面留下的空间里立即产生了新的物质，这些物质又集合起来形成新的恒星和星系。然后，它们也再次飞散，给更多的物质让出地方来。宇宙中的事就这样循环不息。"

"那么，这一切是怎么开始的呢？"汤普金斯先生问道，他对这个问题显然很感兴趣。

"不，这个宇宙没有起点，不存在开始的问题。它过去一直存在着，将来也要一直存在下去。这是个无始无终的世界。正因为这样，这个理论才被称为定态理论——这个宇宙在任何时候看起来实质上都是相同的。"

"嗨，我很喜欢这个理论，"汤普金斯先生热心地说，"是的，它是对的……我感觉到它是对的。你明白我的意思吗？大爆炸的想法有点不太合我的心意。关于大爆炸，你总是得问问自己：为什么人们要假定它正好发生在那个特定的瞬间，而不是在某个别的瞬间？这似乎——似乎有点太随便了。现在要是宇宙没有开始……"

"打住吧！快打住！"慕德打断了他的话。"别扯得太远啦。知道吗，定态理论已经死了，就像始祖鸟那样死了，不会再活了。"

"啊，"汤普金斯先生失望地说，"那是为什么？他们怎么能这样肯定？"

但是，慕德还没来得及回答，她父亲已经出现在旅馆门口了，他提醒她说，他们第二天上午得早早动身回家。当她起身要离开汤普金斯先生时，他急忙问道："可是，那台歌剧什么时候上演呢？"

"对了，我忘记说啦，"她回答说，"星期六晚上 8 点，在物理讲座的主会场——就是你平时去听我爸演讲的那个会场。物理系重新上演《宇宙之歌》这台歌剧，这确实有点滑稽，不过我想他们是想以此纪念定态理论提出 50 周年吧！好啦，星期六会场上见。"说着，她跟父亲走进旅馆，在门口很快地回过头，给汤普金斯先生送去一个调皮的道晚安的飞吻。

＊　　＊　　＊

这是一次盛大的演出聚会。当汤普金斯先生找到自己的座位，同教授和慕德坐在一起时，会场几乎已经坐满了人。

"你最好还是先看看节目单，"慕德向他建议说，"快一点，他们就要关灯了。要是你不看节目单，你就不知道那些角色是谁了。"

他很快把他在大门口拿到的那张复印的单子扫了一遍。他刚刚看完歌剧背景的说明，会场便陷入了一片黑暗。一支由六件乐器组成的管弦乐队，挤在高起的舞台边上小小的空间里，开始奏响了序曲。当晚绝大多数观众是学生时，在他们热烈的掌声中，临时用来遮住舞台的帷幕突然拉开了。每一个人都不得不立即遮住自己的眼睛——台上的照明实在太耀眼了，其强度足以使整个会场变成一片灿烂亮光的海洋。

"那个技师真是个白痴，他会把屋里一切东西都烧化的！"教授带着怒意小声地嘟哝说。但是事情并非如此。"大爆炸"的亮光逐渐变暗了，最后留下了一片黑暗，由一批迅速旋转的轮转烟火进行照明。可以想到，这些烟火代表大爆炸后某个时期形成的那些星系。

"现在他们又要把那个地方烧光啦，"教授怒气冲冲地说，"我真不应该允许他们干这种荒唐事！"

慕德靠过去拍拍他的手，指引他注意到那个"白痴技师"事实上一直站在舞台的角落里，小心翼翼地拿着灭火器，准备在必要时立即使用。这时，学生们就像小孩子在参加焰火晚会时那样，一直在呜呜呀呀地欢呼着。然后，舞台上走出了一个穿着黑色法衣、带着牧师硬领的人，他用嘘声让大家安静下来。按照节目单的说明，他是来自比利时的勒梅特①，膨胀宇宙的大爆炸理论就是他最先提出的。他用浓重的喉音开始唱他的抒情曲。

勒梅特神父结束了他的抒情曲

---

① 勒梅特本人曾当过神父，而且他提出的大爆炸理论必然导致最初的"宇宙蛋"是谁创造的问题，也就是说，必然会导致有神论，所以，作者在歌剧中让他扮演神父的角色。——译者注

宇宙大爆炸抒情曲①

$1 = {}^{\flat}A \quad \frac{4}{4}$

庄严地

1.万物　之本的宇宙蛋，无　所不包的　宇宙蛋，把

2漫长　宇宙演　化，看　火球般的　宇宙蛋，化

你　分裂　成无数极　小　的　碎片。

成　无数灰烬和暗　燃　的　碎弹。

形成中的星　系，　把你能量分　摊，放

我们在宇宙中　心，　看那星星飞　散，我

射性的宇宙　蛋，无　所不包的宇　宙　蛋，构

们尽力想办　法，回　顾那原始灿　烂，构

① 伽莫夫在这一章"宇宙之歌"中借用了几段世界名曲，配以宇宙大爆炸的歌词，颇具特色。这里，由李元把原线谱译为简谱以便普及。第一首抒情曲是借用著名圣诞歌曲《齐来崇拜歌》的曲谱；第二首为俄罗斯民歌。前两首在我国比较流行，颇易吟唱。第三首选自歌剧咏叹调。——编者注

*mf*

4 3 2 1 | 7 - 1 4 | 3 - 2. 1 | 1 - - 0 ‖

成 宇 宙 的 始 源 是 上 帝 奇 妙 手 段

成 宇 宙 的 始 源 是 上 帝 奇 妙 手 段。

勒梅特神父结束他的抒情曲以后，学生报以热烈的欢呼和掌声，然后一个又瘦又高的年轻人又出现在舞台上。他（按照剧情的说明）是物理学家伽莫夫①，生于俄国，但移居美国已有 30 年之久。他来到舞台中央，唱了起来：

### 宇宙大爆炸第二抒情曲

1 = G  3/4

轻快而沉醉地

5 5 | 1. 7 2 1 | 1 7 0 5 5 | 4. 2 5. 2 | 3 - ‖

1. 勒 梅 特 在许多 方 面，我们见 解 全 一 致。
2. 你 说 宇 宙 在运动中成 长，我早就 应 该 同 意。
3. 你 说 它 从宇宙 蛋 来，我认为 是 中 子 流 体。
4. 在 无 边 无际的 空 间，几十亿 年 的 过 去。
5. 在 时 间 的转折 点 上，空间变 得 更 华 丽。
6. 那 时 每 一吨光 辐 射，一克物 质 随 相 依。
7. 光 缓 慢 地暗淡 消 失，亿年时 间 又 逝 去。
8. 于 是 物 质冷却 凝 聚，(这是琼斯假说推 理。)
9. 原 星 系 又分裂 四 散，漫漫夜 空 互 分 离。
10. 恒 星 烧 至最后 火 花，星系永 旋 转 不 已。

‖ 1 1 | 6. 5 4 6 | 5 3 0 5 5 | 3. 2 4 7 | [1.] 1 - - :‖ [2.] 1 - -‖

1. 宇 宙 正 在 膨 胀 扩 大，从它 诞 生 就 开 始。
2. 但 是 它 从 何 物 形 成，我们 看 法 有 分 歧。
3. 它 过 去 已 存 在 长 久，将 无 限 存 在 下 去。
4. 到 达 最 密 态 的 气 体，坍缩 中 迎 来 结 局。

―――――――

① 这就是本书作者伽莫夫自己。——译者注

5. 光在数量上超过物质，物质同光无法比。
6. 直到巨大原始熔炉，膨胀中四面散离。
7. 物质得到充足来源，坐上了首把交椅。
8. 巨大气云逐渐分离，形成个个原星系。
9. 恒星形成而后分散，空间被亮光包围。
10. 宇宙密度日益降低，光热生命都完毕。

然后就轮到霍伊尔了。他突然出现在明亮发光的各个星系之间，从口袋里掏出一个轮转烟火。当它开始旋转时，他得意洋洋地拿着这个新诞生的星系，同时大声唱道：

### 宇宙永存咏叹调

$1 = {}^\flat A$　$\frac{4}{4}$

庄严地

*mf*

```
5 | 1 - 1 - | 1 2 3 4 5 1 | 2 - 2 3 4 | 3 - 0 5 |
我 们  的  宇 宙 按 照 上 天 的 意 旨，    并
那 年  老 的  星 系 可 以 烧 毁 瓦 解，    退 出
新 的 星   系  将 不 断 从 无 生 成，过 去 怎 么 办，  将
```

```
1 2 1 2 3 4 3 4 | 5 2 3 2 | 1 2 3 2 1 | 7 - - 5 |
不 在 过 去 某 时 形 成，过 去 将 来 都 永 远 存   在。    因
宇 宙 大 舞 台 的 合 唱，宇     宙 啊，你 作 为 一 个 整 体。    过
来   还  将 怎 么 办。  过 去 将 来 都 永 远 相   同。    勒
```

```
1 5 3 1 1 | 5 #4 3 2 1 7 6 | 5 - 7 6 | 5 - 0 0 |
为 邦 迪，戈 尔 德 和 我 都  这   样 宣 称。
去 现 在 将  来 都     存  在 如 常。
梅 特 和 伽  莫 夫 何 必 为  此   忧  伤。
```

```
1 - 1. 5 | 6 4 0 1 | 4 3 2 1 | 7 - 0 5 |
啊，    宇 宙，  永 不 变 的 宇 宙，   要 要
啊，    宇 宙，  永 不 变 的 宇 宙，   要 要
```

啊， 宇宙， 永 不 变 的 宇 宙， 要

5 - 4 - | 3 1 4 2 5 4 | 3 - 2 - | 1 - 0 0 ‖

把 稳 恒态宇宙公开 宣 扬！
把 稳 恒态宇宙公开 宣 扬！
把 稳 恒态宇宙公开 宣 扬！

副歌
‖: 3 - 0 3 | 4 4 0 3 | 4 · 3 2 1 | 7 - - - |

啊， 宇 宙 永 不 变 的 宇 宙，

5 - 4 - | 3 1 4 2 5 4 | 3 - 2 - | 1 - - 0 ‖

要把 稳 恒态宇宙公开 宣 扬！

在霍伊尔这个角色演唱时，人们不能不注意到，尽管他这首赞美宇宙不变性的诗歌令人振奋，但空间中那些小小的"星系"现在大多已经熄灭了。

这时歌剧演到最后一幕，整个演出班子都集合在一起，唱起最后一首很活泼的合唱：

"你那辛苦工作的岁月，"
赖尔对霍伊尔坦率地说，
"全是浪费光阴没出息。
你那所谓稳恒态理论，
今天已经销售不出去，
除非我的眼睛把我欺。"

"我那巨大的望远镜，
已使你的希望破灭，
你的信念毫无根据。
我直想坦率告诉你：

我们这个宇宙正在
天天增大，日日变稀。"

霍伊尔说："你只不过是
把勒梅特和伽莫夫的旧话重提。
可你应该把他们忘个彻底！
那捉摸不定的宇宙蛋，
连同它那所谓大爆炸，
又怎能对他们有裨益?！"

"你应该明白，我的朋友，
宇宙从来无所谓起始，
它也永远不会有结局，
因为邦迪、戈尔德，还有我，
直到我们头发掉精光，
对这一点都深信不疑！"

"这是胡言乱语！"赖尔喊道，
他满腔怒火往上升，
极度使劲地加强语气，
"正如我们所已经看到，
那些极其遥远的星系，
彼此靠近，分布比较密。"

"你这样说话真叫人生气！"

霍伊尔同样来个大发作，
又一次把他的说法重提，
"每一个白天，每一个夜晚，
总是在产生着新的物质，
使宇宙的景观永远如一。"

"别胡诌了，霍伊尔先生，
既然我已经把你挫败，
你再坚持就没有道理。"
赖尔用坚信的口气说，
"用不了多长的时间，
我就要叫你醒个彻底！"

  演出结束时，观众席发出雷鸣般的鼓掌声和跺脚声，然后观众们又站起来为这个迷人之夜竞争的双方喝彩。过了一段时间，那临时借用的帷幕终于完全关闭，不管人们怎么呼叫也不再拉开。于是，观众渐渐散去，年轻人大多走向学生联谊会开办的酒吧。

  "明天你有什么特别安排吗，慕德？"汤普金斯先生在准备离开时问道。

  "没有什么安排，"她答道，"要是你愿意，你可以到我那里去喝杯咖啡。上午 11 点，好吗？"

# 7　黑洞、热寂和喷灯

"我看，一定就是这里啦！"汤普金斯先生一边查看慕德给他的那张匆匆画就的地图，一边自言自语地咕哝着。大门上没有任何标记可以证明这里确实是诺尔顿庄园。他可以看到在车道的尽头有一座非常大的、爬满了绿藤的庄园住宅。这同他原来想象的并不一样，不过，他认为最好还是前去问一问。就在这个时候，他认出了慕德，她正蹲在花坛边清除杂草呢。他们很亲切地互相问好。

"你在这里购置的房地产实在太大了，"他羡慕地说，"我没想到画家的收入有这么多。你不认为阁楼上会太冷，不利于你从事美术创作吗？"

最初，她似乎显得有些莫名其妙，然后突然爆发出一阵响亮的笑声。"这一切都属于我吗？"她大声说道，"我倒希望是这样。但是不，它已经四分五裂了——从诺尔顿家族离开这里以后就一直是这样。它现在分隔成了好几个单元。这是我得到的那一小部分。"她指着不久以前才扩建的一座小屋。"请进去吧，随便一点，就像在家里那样。"

在他们等待壶中水烧开的时候，她带他迅速地浏览一遍这个虽然不大但布置得很舒适的房子，然后在起居室的沙发上坐下，品尝起咖啡和饼干来。

"那么，你觉得昨天晚上那台歌剧怎么样？"她问道。

"啊，它太有趣了，"他说，"当然，我还没能理解它的全部含义。不过，我很喜欢它。谢谢你建议我去看它。只有一件事……"

"什么事?"

"没什么大事。只是回到家以后,我不由自主地又想起了定态理论。这个理论看起来很有道理啊。"

"可别让我爸听到你说这种话。"她微笑着说,"不知道花了多少时间才说服他同意那台歌剧上演呢。他不愿意学生们被弄糊涂的。他自己编了一大套歌舞,讲的就是科学必须建立在实验上,而不是建立在美学上。不管一种理论怎样吸引你,只要实验结果同它相对立,你就必须丢弃它。"

"反对定态理论的证据真的像你前几天所说的那么有力吗?"他问道。

"是的,"她答道,"所有证据都以压倒性优势支持大爆炸理论。首先,我们知道,宇宙已经随着时间的推移而改变了——我们可以看出,它的确已经改变了。"

汤普金斯先生皱着眉头问:"我们看到了吗?"

"是的,你应该记住,光的速度是有限的;光从遥远的天体传到我们这里,是要花一些时间的。当你在考察空间遥远的深处时,你也就是在考察时间遥远的过去。举例来说,"她望着窗外说,"太阳发出的光要花 8 分钟才能到达我们这里,这就是说,我们现在看到的太阳光是它在 8 分钟以前的模样——而不是此时此刻的模样。对于像仙女座中的星系那些更为遥远的天体,情况也是如此。你一定看到过那个星系的照片,你可以在各种天文学书籍中找到它们。那个星系离我们大约有 100 万光年,所以,那些照片所表现的是它 100 万年前的模样。"

"你想说明什么问题呢?"

"我想说明的问题是,"她接着说,"马丁·赖尔①发现,他越深入地探索空间的深处,换句话说,他越深入地回顾时间的过去,在给定的体积内存

---

① 赖尔(Martin Ryle),1918~1984,英国天文学家。他在观察射电源方面做了许多独创性的工作,并因此获得 1974 年的诺贝尔物理学奖。——译者注

你可以在各种天文学书籍中找到仙女座的照片

在的星系数量就越多。如果宇宙确实随着时间而逐渐变得稀松的话，那么，这正好是我们应该预料到的结果——宇宙在过去要比现在更密实一些。"

"在昨天的歌剧快结束时，他们提到过这一点，对吗？"汤普金斯先生问道。

"对极了。不仅如此，我们现在还知道，就连星系自身的性质也随着时间而改变了。有一个时期，也就是星系在大爆炸后刚刚形成不久，它们燃烧发出的光要比今天亮得多；当它们处在这种状态时，我们便管它们叫作类星体。类星体只出现在很遥远的地方，这就意味着，它们只存在于非常遥远的过去，目前并不存在——这也与宇宙不变的想法不符。"

"得，我开始被你说服了。"他承认了。

"不过，我还没有说完呢，"她坚持要说下去，"就拿原初原子核丰度来说吧……"

"那是什么？"

"是来自大爆炸的各种不同粒子的比例。你知道，在大爆炸的早期阶段，所有的东西都是非常热的，每一种东西都随意快速地运动，彼此迎头撞击。

在那个阶段，宇宙中存在的一切都是亚原子核粒子（中子和质子）、电子和其他基本粒子。你找不到任何重原子的原子核。不久，由于中子和质子聚合在一起，形成了第一个原子核，但是，在紧接着的一系列碰撞中，它又被击开而破坏掉了。后来，随着宇宙的膨胀和冷却，碰撞变得不像过去那么频繁，也不那么猛烈，只有到这个时候，新形成的原子核才能一直存在下去。于是，我们就有了这种原初核合成——这是物理学家们给它起的名称。"

"但是，原子核吸收越来越多的中子和质子，从而组成越来越大的原子核这种过程，是不可能永无止境地进行下去的。"她继续说，"这是一种同时间赛跑的过程。随着时间的推移，温度一直在降低。这就意味着，温度最终会降到非常低的程度，以致核粒子所具有的能量已经小到不再能使它们发生聚变。不仅如此，由于宇宙不断膨胀，密度同样也在不断减小，因而碰撞的次数也变得越来越少。以上几种原因结合起来所产生的结果，就是到达了不再发生那种核反应的阶段，这时重原子核的混合物也就不再发生变化了。这种混合物称为冻结混合物。当然，正是这种原子核的混合物决定了最后可以形成的各种不同原子的比例。"

"现在就出现了一件很有趣的事，"她总结说，"如果你知道今天宇宙中的物质密度有多大，你就可以计算出过去任何一个阶段物质密度应该具有的值，具体地说，可以算出原初核合成时期应有的密度值。而这又意味着，你可以从理论上推算出冻结混合物应该是什么样的。推算的结果表明，在冻结混合物中有 77% 的质量以氢（最轻的元素）的形态存在，23% 是氦（次轻的元素），只有极其微量较重的原子核。而这正好是今天在检验星际气体的原子丰度时所观察到的情形！"

"好的，你赢了！"汤普金斯先生认可了她的说法，"大爆炸理论胜利了！"

"但是，我还没有把最最有说服力的证据告诉你呢。"慕德补充说，这时她变得越来越兴奋。

"你说话开始变得很像你父亲啦。"

她不理睬他的评论，继续往下说："那就是宇宙微波背景辐射。你知道，既然大爆炸的温度极高，那就必然有一个火球伴随着它，就像原子弹爆炸时发出炫目的闪光那样。现在的问题是：大爆炸发出的辐射如今到哪里去了？它必定还处在宇宙中的某个地方，因为再也没有任何别的地方可以容纳它。当然，它必定不再是那种炫目的光，现在它必定已经冷却下来了。到目前这个阶段，它的波长应该处在微波区域内。事实上，伽莫夫（你还记得他出现在昨天晚上的歌剧中吗？）曾经计算出，它的波谱应该对应 7K 区域附近的某个温度。他是对的，目前已经发现了那个火球的残骸：1965 年，两位通信科学家彭齐亚斯和威尔孙①纯粹出于偶然，发现了那种辐射遗留下来的东西，它的温度是 2.73K，这当然非常接近于伽莫夫早先计算出的数值。"

汤普金斯先生什么话也没有说，他陷入了沉思。慕德好奇地看着他。

"怎么啦？"她问道，"信服了吗？"

汤普金斯先生摇了摇头，从沉思中回过神来，"是的，是的，太好了，那确实是太好了。谢谢你！不过……"

"不过什么？"

"好吧，我说，我刚刚在头脑中画了这样一张图画，里面有氢，有氦，有电子，还有大爆炸产生的辐射，除此以外，就什么也没有了。那么，我们今天这个世界是怎么来的呢？太阳和地球又是从哪里来的？你和我又是怎么回事——我们总不会是只由氢和氦构成的吧？"

"你这问的可是 120 亿年的历史啊！你给我多少时间来回答呢？"

"3 分钟够了吧？"汤普金斯先生满怀希望地问道。

---

① 彭齐亚斯（Arno Allan Penzias），1933~ ，美国物理学家；威尔孙（Robert Woodrow Wilson），1936~，美国射电天文学家。他们由于正文中所提及的发现而共同获得 1978 年的诺贝尔物理学奖。——译者注

她笑了。"那就让我试试吧！你准备好了吗?"

"等一等，"他看着手表说，"好了，你说吧！"

"听着，在大爆炸后的几分钟内，我们只有氢和氦的原子核以及电子。再过30万年，一切都冷却下来，温度降到足够低，这时电子便开始附在原子核上，于是，我们便有了第一个原子。现在，整个空间中充满了一种气体。这种气体的密度是非常均匀的。但是，也还存在某些极为微小的不均匀性——有些地方的密度比平均密度稍稍大一些，有些地方则稍稍小一些。这样一来，由于密度较大的地点具有较大的万有引力，气体就开始围绕着它们积集起来。积聚的气体越多，它们的引力就越强，因而就能更有力地从四周吸来更多的气体，结果就形成了一些彼此分开的气体云。这时在每一个气体云内部都会形成一些小小的旋涡，这些旋涡互相挤压，从而使温度上升（这是日常生活中常见的事：当你把某种气体挤压成较小的体积时，它的温度就会升高）。最后，温度变得非常高，从而引发了核聚变过程——恒星就这样诞生了。结果，大约又过了10亿年，便出现了各个星系（实际上，星系有可能是通过两种方式形成的：一种是先形成星系云，然后由它分裂成许许多多恒星；另一种是先形成恒星，然后恒星聚集在一起形成星系。究竟是哪一种，目前还没有人真正知道）。但是，不管是这种还是那种，恒星毕竟是形成了，并且依靠核聚变过程而获得能量。它们不仅释放出能量，并且还逐渐积累起较重原子的原子核——这些原子正是后来构成地球和我们的身体所必需的材料。然后，恒星上的核火终于把燃料烧光了。对于像太阳这样的中等大小的恒星来说，这个过程大约要花100亿年的时间。这种处于老年期的恒星会发生膨胀，变成所谓的红巨星，然后再收缩而变成白矮星，最后慢慢凝固成很冷的岩石。质量更大的恒星会以一种特殊得多的方式结束它们的生命——随着'轰'的一声，它就全部完蛋了。这就是超新星爆发。正是这种爆发喷出了某些新合成的核物质，即重的原子核。它们现在同星际气体混合在一起，并且能够聚集起来而形成第二代的恒星以及第一次出现的像地球这样的多岩石行星（在产生第一代恒星时，当然不会有行星存在）。然后，这类行星之一——地球——通过自然选择进行演化，终于把它表面上的化学物质转化成你和我。我们就是这样由星际尘埃演变而来的！"

慕德突然停了下来。"好啦，我说完了！刚才花了多少时间？"

汤普金斯先生笑嘻嘻地说："不多，只花了两分钟……"

"好极了！"慕德宣告说，"这就是说，我还有一分钟的时间可以谈谈黑洞。"

"黑洞？"

"是的，黑洞。这是那些最重的恒星爆炸后留下的东西。我刚才说过，这种恒星会喷射出某些物质，但是，剩下的物质却会坍缩而形成黑洞。"

"黑洞究竟是什么东西呢？"汤普金斯先生问道，"当然，我听说过这个名词……"

"黑洞就是当万有引力强大到任何物体都不能逃脱它的吸引时，你所看到的东西。那时，恒星的全部物质都坍缩成一点。"

"一点！"汤普金斯先生叫了起来。"你真的是这个意思吗——一个真正的点？"

"完全正确，它没有体积。"这是她的回答，"这个点集中了所有的物质，它的周边地区是一个强大得不可思议的万有引力场。这个引力场是如此强大，不管是什么东西，只要进入它的作用范围（即所谓事件视界）内，就再也无法从里面逃逸出来——就连光线也是这样。这就是为什么说它是黑洞的原因。任何一种进入事件视界内的物体，都会立即被吸到中心那一点上去。"

"太奇怪了！"汤普金斯先生喃喃地说，"可是，黑洞后面那一边有什么东西呢？"

"后面那一边？谁知道呢？'那一边'肯定什么也没有。落入黑洞的东西全部都停留在它的中心。哦，对了，有人提出一些臆测，认为这些东西可能通过连接我们的宇宙和某个别的宇宙的某种隧道流走，然后在那个宇宙中以'白洞'的形态喷发出去。不过，这全都是纯粹的臆测。"

"你能肯定确实有黑洞存在吗？"

"是的。证据是非常有说服力的。不但有从坍缩了的老年恒星形成的黑洞，而且在星系的中心同样也有黑洞——那是可能已经吞没了数百万颗恒星的、质量极大的黑洞。"

汤普金斯先生带着敬佩的神情笑望着慕德。

"你干吗这样望着我？"她好奇地问。

"没什么。我只不过是觉得奇怪，你怎么会懂得这一切的？"

她谦虚地耸耸肩膀。"不用问，大部分是从那里学到的，我想。"她朝着一个摆满了科普杂志的书架点点头。

"还有最后一个问题，爱因斯坦小姐，"他问道，"这一切将怎样结束呢？将来宇宙会发生什么事？你的父亲说过，宇宙会不断膨胀下去，但是它的膨胀速度会逐渐减慢，到了遥远的未来将会停止膨胀。"

"他说得对——如果暴涨理论是正确的，而且宇宙中的物质密度具有临界值的话。到那个时候，所有的核燃料已经全部用完，恒星全都死亡，许多恒星会被吸入它们那个星系中心的黑洞，宇宙将变得冰冷冰冷，完全没有生命存在。科学家们把这种状态叫作宇宙的热寂。"

汤普金斯先生听得毛骨悚然。"我敢肯定，我不喜欢听到这样的事。"

"对不起，我不知道你会害怕。我真不该讲这些让你不安。"她欢快地回应道，"在发生那种事以前，我们早就已经葬身黄土了。不管怎样，我们不再谈它了。让我们换个话题吧！"

"好的，我很抱歉，你觉得我这个人怎么样？"

"挺好的，你已经很尽力了，"她安慰他说，"下星期估计我就没什么可教你的了。"

"下星期？下星期有什么事吗？"

"我爸说过，他下一次演讲要介绍量子理论。对吗？"

"是的，我还记得。"

"可是，我从来就没有吃透过量子理论。所以，我只能对你说：祝你好运！不过，现在该谈谈我的美术作品了。你真的想看看它们吗？"

"你的作品？我当然想看啦。"他答道，"你把它们藏在哪里？你的工作室离这里很远吗？"

"很远？不，穿过前面的庭院就到了。我把这里一间废弃的旧仓库派上了用场。这正是我一下子就选上诺尔顿庄园的原因。我想要的不是房子，而是那间仓库。"

慕德的工作室非常有趣，汤普金斯先生从来没有见过这样的作品。她的创作（你可不能把它们叫作油画）非常特别。虽然它们也装在镜框里准备挂在墙上，但它们却是用各种各样的材料制成的，其中有木头、塑料、金属管、石片、鹅卵石、洋铁罐，等等。这些不同种类的材料被她精心粘贴在一起，构成一幅幅优美动人的美术拼贴。

"它们太妙了，"他大声说，"我从来没有见过。实在太妙了。你听我说，"接下来，他有点吞吞吐吐了，"我不敢说我理解它们——不是真正地懂得它们。但是，我非常喜欢它们。"他加强了语气补充说。

她笑了，"你知道，它们并不是物理学理论。它们放在这里，不是为了让你去理解它们。你所应该做的是去感受它们。"

他站在一幅作品前面，默默地注视了一会儿，然后鼓起勇气说："你一定要同它发展一种双向的关系——一种相互作用。只有当观察者把他自己的某种东西加入作品中，也就是带着他自己的某些感受去观察它时，这件作品才是完美的。你是不是这个意思？"

她不置可否地耸耸肩。"这是我最近的作品。"她指着他正在观看的那幅作品说，"你在它里面看到了什么？"

"这幅画吗？那是一个海滩，还有一些被海水冲到沙滩上的东西。这些东西都是过时的、变形的，每一件东西都有它自己的历史，有它自己的故事，只是现在它们偶然地在同一个时间被带到同一个空间中来凑到一块儿了。"

她亲切地注视着他。这是他以前没有注意到的一种目光，因而他马上觉得自己相当愚蠢。

"对不起，我尽说些废话。也许是因为陈列品的目录读得太多吧。在城里工作有一个好处，就是有机会利用午休时间去参观各个美术馆和美术展览会。"他解释说，"我喜爱艺术作品，至少是某些艺术作品，我想尽力使自己不太落伍。"

她又笑了。

"告诉我，"他接着说，"你是怎样弄出这种风吹火燎的效果的？它看

起来就像从大火中抢救出来的一样。"他指着嵌在塑料中的一片看起来有点炭化的木头说。

她淘气地看了他一眼。"要是你想知道，我可以做给你看——不过，你自己可得当心一点。"

说到这里，她划了一根火柴，把旁边桌子上的一台喷灯点着，然后拿起它，让喷出的火焰靠近一幅画的画面。很快，这幅画的木质部分就被烧红了。工作室立即充满了烟雾。汤普金斯先生有点惊慌地往后退时，正好退到一扇门上，他把门打开，好让烟雾散出去，并且入迷地从那里往里看。他看见了慕德的脸——她是那么地全神贯注。就在这个时候，他意识到他自己已经坠入爱河，恋上慕德了。

# 8 量 子 台 球

有一天，汤普金斯先生在银行里做了一整天工作（他们正忙着完成房产方面的业务），回家的路上，他感到非常疲倦。这时，他正好走过一家酒馆，便决定进去喝杯啤酒。一杯下去了，接着又是一杯，不久，汤普金斯先生开始感到有点醉意。酒馆后面有个台球房，里面有许多人套着套袖围着当中那张台子打台球。他模模糊糊地记起他以前曾到过这里，一个年轻的同事带他来，教他怎样打台球。于是，他走近台子，开始专心看别人怎样玩。突然，一件非常费解的事情发生了！有一个人把一个台球放在台子上，用球杆击了它一下。在注视那个滚动着的台球时，汤普金斯先生十分惊讶地发现，那个台球开始"弥散"开了。"弥散"这个词，是他为说明那个球的奇怪表现所能找到的唯一表达方法，因为它在滚过绿色的台毯时，似乎变得越来越模糊，失去了明确的轮廓，好像在台上滚的不是一个球，而是许许多多个彼此有一部分互相叠合的球似的。汤普金斯先生无法理解为什么现在会发生这种情况。"得，"他想，"让我们看看这个球怎样打另一个球吧！"

那个打球的人显然是个高手，所以，那个滚动的球正像人们所说的那样，把另一个球打个正着。这时发出了一声响亮的撞击声，原来静止的台球和那个射来的台球（不过，汤普金斯先生无法确定，它们当中究竟哪个是前者，哪个是后者），两者都"朝四面八方"快速地滚去。这确实是非常奇怪的事，现在不再是两个看来有点松散的台球，而似乎有无数个台球，它们全都非常模糊，非常松散，大致在原来撞击方向 180°的范围内向外滚去。这相当像个从撞击点向外扩展的独特的波。

但是，汤普金斯先生注意到，在原来那个撞击方向上，台球的流量最大。

"这是一个很好的概率波的例子，"在他背后响起了一个熟悉的声音，汤普金斯先生听出这是教授在说话。

"啊，是您来了，"他说，"好极了。也许您可以给我解释一下这里发生的事。"

这是一个很好的概率波的例子

"当然可以啦，"教授说，"这家台球房的主人收集到这里的东西都患了'量子象牙症'，如果我可以这样说的话。不错，自然界的一切物体都服从量子规律，但是，在那些现象中起作用的所谓量子常数是非常非常小的，事实上，它的量值是在小数点以后还有 27 个零的数字，至少在一般情况下是这样。不过，对于这里的台球来说，这个常数要大得多了——大约等于 1。因此，你才能够轻易地亲眼看到这种量子现象，通常，这可是只有利用非常灵敏、巧妙的观察方法才能够发现的。"说到这里，教授沉思了片刻。"我并不想进行考证，"他继续说，"但是，我倒很想知道那个家伙是从哪里弄到这些球的。严格地说，这样的球在我们这个世界是不可能存在的，因为对于我们这个世界的一切物体来说，量子常数只具有很小很小的值。"

"也许他是从另一个世界进口的吧。"汤普金斯先生提醒说。

但是，教授并不满足于这种说法，他仍然保持怀疑的态度。"你已经注意到了，"他继续说，"那两个球都发生了'弥散'。这就是说，它们在球台上的位置是不十分确定的。实际上，你无法精确地指出一个球的位置，你最多只能说，那个球'基本上在这里'，但'也有可能在别的什么地方'。"

"这可是一种十分奇怪的说法。"汤普金斯先生嘟哝着。

"恰恰相反，"教授坚持说，"这是绝对正常的——因为任何物体都会发生这种事。只是因为量子常数的值太小而一般观察方法太粗糙，人们才没有注意到这种测不准性。他们得到一个错误的结论：位置和速度都是永远可以准确测定的量。事实上，这两个量都总是有某种程度的测不准性，并且，其中一个量测得越准确，另一个量就越弥散，越测不准。量子常数所起的作用，正好就是它决定了这两个测不准的量之间的关系。注意，现在我要把这个球放进三角木框里，把它的位置明确地限制起来了。"

那个球一放进木框里，整个三角框的内部就到处闪烁着象牙的白光。

"你看，"教授说，"我把台球的位置限定在三角框里几分米的范围内了，这就使速度产生了相当可观的测不准性，所以台球才在木框里迅速地运动。"

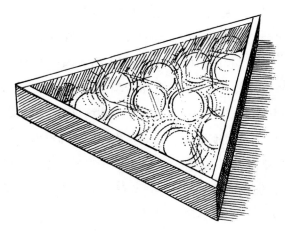

台球被限定在三角框里

"你能让它停下吗?"汤普金斯先生问道。

"不，从物理学上说，这是不可能的。任何一个处在封闭空间内的物体都有一定的运动——我们物理学家把它称为零点运动。举个例子吧，任何原子中的电子的运动就属于这一类。"

汤普金斯先生正看着那个球像笼子里的老虎一样在三角框内来回猛冲，正在这时他注意到了一件极不寻常的事。那个球竟直接穿过三角框的框壁"漏"了出来，接着就向球台远处那个角落滚过去。事情怪就怪在它确实不是越过三角框跳出来，而真的是穿过没有空隙的木壁钻出来，一点也没有离开台面。

"看到了吗?"教授说，"事实上，这恰好是量子论的一个最有意思的后果。任何一件东西，只要它的能量大到能穿过围墙并继续跑开，你就不可能把它囚禁在封闭的围墙里。这个物体早晚总是要直接从围墙'漏出'跑掉的。"

"要是这样，我就再也不上动物园去了。"汤普金斯先生断然地说，他那丰富的想象力已经描绘出一幅从笼子里"漏出"的老虎同狮子打架的情景了。然后，他的思绪又转到另外一个方向：要是他的汽车也从锁得好好的车库里漏出来呢？他想象一辆好好锁在车库里的汽车，突然像中世纪传说中的老妖精那样，"钻过"汽车库的墙壁闯了出来。

要是他的汽车也从锁得好好的车库里漏出来呢？

"我得等待多长时间，"他问教授，"才能看到一辆汽车——可不是用这里这种愚弄人的材料制造的，而是真正用钢铁制成的汽车——穿过汽车库的砖墙'漏'出来？我倒确实很想看一看哩！"

教授很快地在脑子里算了一下，便把答案准备好了，"这大概需要等待100 000 000…000 000 年。"

尽管汤普金斯先生在银行业务中经常接触到巨大的数字，他却弄不清教授所说的数字中到底有多少个零——反正数字是够长的，长到他完全不必担心他的汽车会自己跑掉。

"就算我相信你所说的一切都是正确的，可我仍旧不明白，这样的事怎么能够观察到，如果我们没有这里这些台球的话。"

"这是一个合理的反对意见，"教授说，"当然，我的意思并不是说，在你经常接触的那些物体上，也能够观察到量子现象。问题在于，量子规律只有在应用到原子或电子这类非常小的质量上时，它们的效应才会变得显著得多。对于这些粒子来说，量子效应已经大到一般力学完全失效的程度。两个原子之间的碰撞，看起来完全同你刚才观察到的两个'量子象牙'台球的碰撞一样；而电子在原子中的运动，则同我放进三角框里的台球的'零点运动'非常相似。"

"电子是不是常常从原子中跑出？"汤普金斯先生问道。

"不，不是的，"教授急忙回答说，"根本不会发生这种情形。你大概还记得我说过，物体一旦通过势垒漏出，还必须有足够的能量跑开。电子是依靠它所带的负电荷与原子核中质子的正电荷之间的静电引力，才保持在原子里的。电子没有足够的能量摆脱这种吸引，所以它就无法跑开。如果你想看到粒子漏出的情况，那么，我建议你去观察重原子核。从某种意义上说，重原子核的表现就像是由一些 α 粒子组成的。"

"α 粒子？那是什么？"

"α 粒子是由于某种历史原因而给氦原子核起的名称。它由两个中子和两个质子组成，而且结合得异常牢固：那 4 个粒子可以非常有效地'贴在一起'。就像我刚刚说过的，由于 α 粒子结合得极其牢固，在某些情况下，重原子核的表现就像是一些 α 粒子的集合体，而不像是由单个中子和质子组成的。虽然这些 α 粒子也在原子核的整个体积内运动着，但是，它们却依靠那种把核子结合在一起的短程核引力而保持在原子核的体积内，至少在正常状况下是这样的。但是，常常也有一个 α 粒子漏出来：它会跑到把它保持在原子核内的核引力的作用范围外。事实上，它现在只受到它自己的正电荷与它留在后面的其他 α 粒子的正电荷之间的长程静电斥力的作用。因此，现在这个 α 粒子便被推到原子核的外面了。这是放射性原子核的一种衰变方式，你可以看出，这个 α 粒子同你那辆锁在车库里的汽车十分相似，只不过 α 粒子的漏出要比你的汽车快得多罢了！"

在进行这次长谈以后，汤普金斯先生感到疲惫不堪，他精神涣散、漫无目标地四顾着。他的注意力被房间角落里一座巨大的老爷时钟吸引住了，它那长长的老式钟摆正在缓慢地来回摆动着。

"我看，你对这座时钟感兴趣，"教授说，"这也是一种不太寻常的机器哩，不过，它目前已经过时了。这座时钟所代表的，正好是人们最初思考量子现象时所用的途径。它的钟摆的装法，使得摆幅只能够改变有限多次。可是，现在所有钟表制造者都宁愿采用巧妙的弥散摆。"

"啊，我希望我能够理解这一切复杂的事物！"汤普金斯先生感慨地说。

"好极了，"教授立即回应道，"我正要去做关于量子的演讲，刚好从窗外看到了你，我就拐进了这家酒馆。要是我不准备迟到，现在我就该走了。你愿意一块去吗？"

"好的，我去！"汤普金斯先生说。

像通常那样，演讲厅里坐满了学生，汤普金斯先生虽然只能在台阶上找个座位，但已觉得很满意了。

女士们、先生们——教授开始演讲了——在前两次演讲中，我曾努力对你们说明，由于发现一切物理速度都有一个上限，以及对直线这个概念进行了分析，我们完全重塑了 19 世纪的时空观念。

但是，对物理学基础进行批判分析所得到的进展，并没有停止在这个阶段上，接着又有了一些更加令人惊奇的发现和结论。我这里所指的是物理学中那门被称为量子论的分支学科，它同时间和空间自身的性质关系不大，但同物体在时间和空间中的相互作用与运动却有密切的关系。

　　古典物理学总是认为，不需要任何证明就可以肯定地说，通过改变实验的条件，可以把任何两个物理客体之间的相互作用降低到要多小有多小，在必要时甚至可以把它降低到实际上等于零。譬如说，在研究某些过程所产生的热时，人们要担心放进温度计会把一部分热量带走，从而使所要观察的过程不能正常进行，但是，实验工作者们总是确信，采用比较小的温度计或非常精致的温差电偶，就能够把这种干扰降低到所要求的精确度极限以下。

　　过去人们确信，从原理上说，任何一种物理过程都可以用任意高的精确度进行观察，观察本身并不会对所观察的过程产生干扰。这种信念是那么根深蒂固，因此，人们从来没有想到需要对这种想法明确地加以说明，并且总是把所有有关的问题都当作纯技术性的困难来处理。但是，20 世纪开始以来所积累的许多新的实验事实，却不断促使物理学家作出结论说，真实的情况确实要复杂得多，并且，在自然界中存在着一个确定的互相作用下限，这个下限是永远不能超越的。就我们日常生活中所熟悉的各种过程而论，这个天然的精确度极限小到可以忽略不计，但是，当我们所要处理的是在原子或分子这类极微小的力学系统中发生的过程时，这个极限便变得非常重要了。

　　1900 年，德国物理学家普朗克①在从理论上研究物体与辐射之间的平衡条件时，得出了一个令人惊讶的结论：这种平衡是根本不可能达到的，除非我们假设物质与辐射之间的相互作用并不像我们通常设想的那样连续，而是通过一系列不连续的"冲击"来实现的，在每一次这样的基本相互作用中，都有一定量的能量从物质转移给辐射或从辐射转移给物质。为了达到所要求

---

　　① 普朗克（Max Planck），1858～1947。他在热力学和统计物理学方面都有巨大的贡献，因而获得 1918 年诺贝尔物理学奖。——译者注

的平衡，并且使理论同实验事实相一致，必须在每次冲击所转移的能量与那个导致能量转移的过程的频率（周期的倒数）之间，引入一个简单的数学比例关系式。

这样一来，普朗克不得不作出结论说，在用符号 $h$ 代表这个比例常数时，每次冲击所转移的最小能量（即所谓量子）可由下式算出：

$$E = h\upsilon \qquad (13)$$

式中 $\upsilon$ 是辐射的频率。常数 $h$ 的数量值等于 $6.547 \times 10^{-34}$ 焦·秒[①]，它通常被称为普朗克常数或量子常数。量子常数的数量值极其微小，这就是我们在日常生活中通常观察不到量子现象的原因。

爱因斯坦进一步发展了普朗克的这种想法，他在几年后得出了一个结论说，辐射不仅仅在发射时才分成一个个大小有限的、分立的部分，并且永远以这样的方式存在，也就是说，它永远是由许多分立的"能包"组成的。爱因斯坦把这种能包称为光量子。

只要光量子在运动着，那么，它们除了具有能量 $h\upsilon$ 以外，还具有一定的动量，根据相对论性力学，这个动量应该等于它们的能量除以光速 $c$。正如光的频率同波长 $\lambda$ 之间存在着 $\upsilon = c / \lambda$ 的关系一样，光量子的动量 $p$ 同它的频率（或波长）也存在着下面的关系：

$$p = \frac{h\upsilon}{c} = \frac{h}{\lambda} \qquad (14)$$

由于运动物体在碰撞中所产生的力学作用取决于它的动量，我们必须作出结论说，光量子的作用随着波长的减小而增大。

美国物理学家康普顿的研究最好地证明了光量子这一理论的正确性和光量子具有能量和动量。他在研究光量子和电子的碰撞时，得到了这样一个结果：因受光线的作用而开始运动的电子的表现，正好同电子被一个具有式（13）和（14）所给出的能量和动量的粒子击中时相同。光量子本身在同电

---

① 普朗克常数目前公认的数值是 $6.626 \times 10^{-34}$ 焦·秒。——译者注

子碰撞以后，也发生了某些变化（它们的频率改变了），这也同量子论的预言非常相符。

我们目前可以说，就辐射同物质的相互作用而论，辐射的量子性质已经是完全确定下来的实验事实了。

量子概念的更进一步的发展归功于著名的丹麦物理学家 N.玻尔①，他在 1913 年最早提出了这样一个想法：任何一个力学系统内部的运动只可能具有一套分立的能量值，并且，运动只能通过有限大小的跳跃而改变其状态，在每一次这样的跃迁中，都会辐射（或吸收）一定量的能量（等于那两个容许能态之间的能量差）。他的这种想法是受到当时对原子光谱的观察结果的启发：当原子中的电子发出辐射时，最后得到的光谱并不是连续的，而只含有某些确定的频率——线光谱。换句话说，根据等式（13），所发出的辐射只能具有某些确定的能量值。如果玻尔关于发射体（现在是原子中的电子）的容许能态的假说是正确的，那么，出现线光谱的原因就很容易理解了。

确定力学系统各种可能状态的数学法则要比辐射的公式复杂得多，所以我不想在这里讨论。简单地说吧，如果想圆满地描述像电子这样的粒子的运动，就必须认为它们具有波动性。这样做的必要性是法国物理学家德布罗意②根据他自己对原子结构的理论研究最先提出的。他认识到，处在有限空间中的波，不管是风琴管里的声波，还是小提琴琴弦的振动，都只能具有某些确定的频率或波长。这些波必须"适应"那个有限空间的大小，并且产生我们所谓的"驻波"。德布罗意主张说，如果原子中的电子具有波动性，那么，由于电子的波受到限制（限制在原子核的旁边），它的波长也只能取驻波所能具有的分立值。不仅如此，如果用一个类似于等式（14）的方程把上述

---

① 玻尔（Niels Bohr），1885～1962，量子论的创始者之一，他因这个新理论而获得 1922 年的诺贝尔物理学奖。此外，他对原子结构理论也有一定贡献。——译者注

② 德布罗意（de Broglie），1892～1987，由于研究物质波而获得 1929 年的诺贝尔物理学奖。——译者注

的波长同电子的动量联系起来，即

$$p_{粒子} = h / \lambda \qquad (15)$$

那么，其结果必定是电子的动量（因而连其能量）也只能取某些确定的容许值。当然，这就非常清楚地解释了为什么原子中的电子具有分立的能级，以及为什么它们发出的辐射会产生线光谱了。

在接下来的许多年里，物质粒子运动的波动性已经被无数实验明确证实。这些实验表明，电子束在通过小孔时所发生的衍射，以及像分子这样比较大、比较复杂的粒子所发生的干涉，都属于这类现象。当然，从古典的运动概念的观点来看，对物质粒子所观察到的这种波动性是绝对无法理解的。所以，德布罗意本人不得不采纳一种当时看来十分奇怪的观点，认为粒子总是由某种波"伴随"着，可以说，就是这种波在"指挥"着粒子的运动。

由于常数 $h$ 的值极小，物质粒子的波长是异常小的，即使对于最轻的基本粒子——电子，也是如此。当辐射的波长比它可能通过的孔径小得多时，衍射效应是微不足道的，这时辐射会完全以正常的方式通过它。这正是足球可以不受衍射影响改变方向而直接通过两个门柱之间的间隙射入球门的原因。只有当运动发生在原子和分子内部那样小的区域中时，粒子的波动性才具有重要意义，这时它对我们认识物质的内在结构起着决定性的作用。

关于这类微小的力学系统具有一套分立能态的一个最直接的证明，是弗兰克和赫兹[①]的实验提供的。他们在用带有不同能量的电子轰击原子时发现，只有当入射电子的能量达到某些分立值的时候，原子的能态才会发生明确的变化。如果电子的能量低于某一极限，在原子中就观察不到任何效应，因为这时每一个电子所携带的能量都不足以把原子从第一个量子态提高到第二个量子态。

---

① 弗兰克（James Franck）和赫兹（Hertz），德国物理学家，他们由于研究原子与电子碰撞时的能量变化，而获得 1925 年的诺贝尔物理学奖。——译者注

　　因此，在量子论发展的最初阶段，我们对古典物理学的基本概念和基本原理进行了修改，但只是用一些相当费解的量子条件对古典物理学施加了多少有点人为的限制，即从古典物理学中可以出现的无限多种连续的运动状态当中，只挑选出一套分立的"容许"状态。不过，要是我们更深入地研究古典力学定律同我们今天扩展了的经验所要求的这些量子条件之间的联系，我们就会发现，把这两者结合起来所得出的体系，在逻辑上是不能自圆其说的，并且，这些经验的量子限制会使古典力学所依据的各种基本概念变得毫无意义。事实上，在古典理论中，有关运动的基本概念是：任何一个运动粒子在任何一个指定的瞬时都在空间中占有确定的位置，并且同时又具有确定的速度，这个速度描述了粒子在轨道上的位置随时间而变化的情况。

　　位置、速度和轨道这些构成古典力学整个框架的基本概念（像我们所有其他概念一样），是在观察我们周围现象的基础上形成的。因此，一旦我们的经验扩展到从前所没有揭露的新领域中去，我们就必须像对待空间和时间的古典概念那样，对这些概念进行重大的修改。

　　如果我问某一位听众，为什么他相信任何一个运动粒子在任何指定的瞬时都占有确定的位置，因而能够随着时间的推移而描绘出一条确定的曲线（即所谓轨道），那么，他大概会回答说："这是因为当我观察运动时，我看到它就是这样的。"好，现在就让我们来分析分析这种形成古典轨道概念的方法，看看它是不是真的会得出确定的结果。为了达到这个目的，我们可以设想有一个物理学家，他拥有各种最灵敏的仪器，现在他想追踪一个从他实验室墙上扔下的小物体的运动。他决定通过"看"这个物体怎样运动来进行这项观察。当然，要想看到运动物体，就必须有光照明它。由于他已经知道，光线总是会对物体产生一种压力，因而可能干扰它的运动，所以，他决定仅仅在进行观察的瞬间才使用短时间的闪光来照明。在第一组实验中，他只想观察轨道上的 10 个点，因此，他选择了非常微弱的闪光源，以便使 10

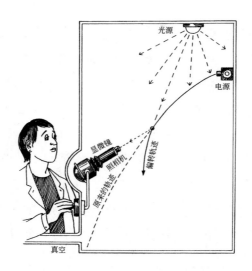

光线可能干扰物体的运动

次顺序照明中光压所产生的总效应不超过他所需要的精确度。这样，他在物体下落时让光源闪亮了 10 次，并且以他所希望的精确度得到了轨道上的 10 个点。

现在他想重复这个实验，这一次，他希望得到 100 个点。他知道，如果还用上一次的照明强度，那么，相继照明 100 次就会对物体的运动产生太大的干扰，因此，在准备进行第二组观察时，他把闪光强度降低为上一次的 1/10。在进行第三组观察时，他希望得到 1000 个点，因而又把闪光强度降低到第一次的 1/100。

按照这种办法，他一直进行实验，并不断降低照明的强度，这样，似乎他想得到轨道上的多少个点，便可以得到多少个点，而且可能误差永远不致增大到超过他开始时所选定的限度。这种高度理想化但在原理上似乎完全行得通的办法，是通过"观看运动物体"来建立运动轨道的一种严格合乎逻辑的方法。大家都知道，在古典物理学的框架里，这种方法是完全可行的。

现在我们来看看，如果我们引进前面所说的量子限制，并考虑到任何一种辐射的作用都只能通过光量子来转移这个事实，那么，会发生什么情形呢？我们已经看到，我们那个观察者一直在降低照明运动物体的光的数量，因此，现在我们应该预料到，他一旦把光的数量减少到只有一个量子，他就会马上发现他不可能再继续减少下去了。这时，整个光量子都会从运动物体上反射回来，或者根本没有任何东西反射回来；而在后一种情况下，观察是无法进行的。当然，我们知道，同光量子碰撞所产生的效应随着光波长的增大而减小，我们的观察者同样也知道这一点，所以，到这个时候，为了再增加观察次数，他肯定会采用波长比较大的光来照明，观察次数越多，他所用的波长也越长。可是，在这一方面，他又会碰到另一个困难。

每条弹簧上有一个小铃

大家都清楚地知道，在采用某一波长的光时，我们无法看到比这个波长更小的细节，要知道，谁也没有办法用油漆刷子去画波斯工笔画啊！因此，当所用的波长越来越大时，我们的观察者就不能准确地判断每一点的位置，并且他很快就会发现，他所判断的每一点都由于波长太大而变得同整个实验室一样大，结果，每一点都变得测不准了。于是，他最后不得不在观察点的数量和每一点的测不准性之间采取折中的办法，这样一来，他就永远得不到像他的古典同行所得到的数学曲线那样精确的轨道了。他所得到的最好的结果将是一条相当宽的、模模糊糊的带，因此，如果他根据他的实验结果去建立他的轨道概念，这种概念就会同古典概念有相当大的差异。

上面所讨论的方法是光学方法。我们现在可以试试另一种可能的方法，即机械方法。为了达到这个目的，我们的实验者可以设计某种精致的机械装置，比方说在空间中安装一些弹簧，每条弹簧上有一个小铃，这样，当有物体从它们近旁经过的时候，它们就会把这个物体经过的路线显示出来。他可以把大量这样的铃散布在运动物体预计经过的空间中，这样，在物体经过以后，那些"响着的铃"就代表物体的径迹。在古典物理学中，人们想把这些铃做得多小多灵敏都可以，因此，在使用无限多个无限小的铃的极限情况下，同样也可以用任意大的精确度构成轨道的概念。但是，对机械系统施加量子限制，同样会破坏这种局面。如果铃太小了，那么，按照公式（15），它们从运动物体取走的动量就会太大，即使物体只击中一个铃，它的运动状态也已大受干扰了。如果铃做得太大，那么，每一个位置的测不准性又会变得非常大，由此得到的最后轨道同样将是一条弥散的带。

恐怕，上面这一切关于观察者怎样观察轨道的讨论，可能给大家留下过于看重技术的印象，使大家倾向于认为，尽管我们的观察者无法依靠以上两种方法把轨道确定下来，但如果用某种比较复杂的装置，大概就能得到他所需要的结果。不过，我应该提醒大家，我们在这里并不是讨论在某个物理实验室里进行的某个特定的实验，我们是把最普通的物理测量问题概念化了。要知道，我们这个世界上所存在的任何一种作用，要是不属于辐射作用，就必定属于纯机械作用，就这一点而论，任何一种精心设计的测量方法都离不开以上两种方法的原理，因此，它们最后必将产生相同的结果。既然我们的理想的"测量仪器"可以概括整个物理世界，我们最后就不能不作出结论说，在量子规律起统治作用的世界里，精确的位置或形状精确的轨道这样的东西，是根本不存在的。

我们再回头来讨论我们那个实验者，现在我们假定他想求出量子条件所强加的限制的数学表达式，我们已经看到，在上面所用的两种方法中，对位置的测定总是会对运动物体的速度产生干扰。在光学方法中，由于力学的动量守恒律，粒子受光量子撞击后，它的动量必定产生一种测不准性，其大小同所用光量子的动量差不多。因此，我们可以运用公式（15），把粒子动量的测不准性写成

$$\Delta p_{粒子} \simeq \frac{h}{\lambda} \tag{16}$$

再想起粒子位置的测不准性取决于光量子的波长（$\Delta q \simeq \lambda$），我们便由此得出

$$\Delta p_{粒子} \times \Delta q_{粒子} \simeq h \tag{17}$$

在机械方法中，运动粒子的动量由于被铃取走了一部分，也会变成测不准的。运用公式（15），再回想起在这种场合下粒子位置的测不准性由铃的大小所决定（$\Delta q \simeq l$），我们又得到与前一种场合相同的最后公式（17）。可见，公式（17）是量子论的最基本的测不准关系式。这个公式是德国物理学家海森伯[①]最先导出的，因而被称为海森伯测不准关系式。它表明，位置测定得越准确，动量就变得越测不准，反之亦然。

我们再回想起动量是运动粒子的质量与速度的乘积，便可以写出

$$\Delta v_{粒子} \times \Delta q_{粒子} \simeq h / m_{粒子} \tag{18}$$

对于我们通常碰到的物体来说，这个量是极其小的。即使对于质量只有 $10^{-7}$

---

① 海森伯（Heisenberg），1901～1976，他由于发展量子力学的工作而获得 1932 年的诺贝尔物理学奖。第二次世界大战以后，他负责指导原联邦德国的原子核研究工作。——译者注

克的较轻的尘埃粒子，不管是位置还是速度，也仍然可以精确地测定，精确度达到 0.000 000 01%！但是，在电子（质量为 $10^{-27}$ 克）的场合下，$\Delta v \Delta q$ 的乘积大约达到 100。在原子内部，电子的速度至少应该确定在 $10^6$ 米/秒的精确度范围内，不然，它就会从原子中逃出。这样一来，位置的测不准性就等于 $10^{-10}$ 米，也就是说，已经同整个原子一样大了。由于这种扩大，电子在原子中的"轨道"便弥散了，轨道的"厚度"变得等于轨道的"半径"。由此可见，这个电子将同时出现在原子核周围的每一点上。

在过去 20 分钟内，我已经尽力为大家描绘出我们批判古典运动概念所造成的灾难性后果。现在那些精妙的、有严格定义的古典概念已变得支离破碎，成为一锅稀粥了。自然，你们会问我：这种测不准性无处不在，物理学家如何用它来描述任何一种现象呢？

我们现在就来谈谈这个问题。很明显，既然由于位置和轨道都发生弥散，我们一般不能用数学上的点来定义物质粒子的位置，也不能用数学上的线来定义粒子的运动轨道，那么，我们就应该用别的描述方法来提供这种"稀粥"（可以这样称呼它）在空间不同点上的"密度"。从数学上说，这意味着需要采用连续函数（流体动力学中所用的那一种），而从物理学上说，这要求我们采用"这个物体大部分在这里，但有一部分在那里"或者"这枚硬币有 75% 在我口袋里，而有 25% 在你口袋里"这种所谓"出现密度"的说法。我知道，这样的句子会把你们吓一跳，不过，由于量子常数的值非常小，你们在日常生活中永远不会需要使用它们。可是，如果你想研究原子物理学，那么，我就要严肃地劝你首先使自己习惯于这种表达方式了。

在这里，我必须预先警告大家不要产生一种错误的想法，也就是不要错误地认为，这种描述"出现密度"的连续函数在我们普通三维空间中具有物理学上的现实意义。事实上，如果我们想描述两个粒子的行为，我们就必须回答当第一个粒子出现在某一点时第二个粒子出现在什么地方这个问题。要想做到这一点，我们必须采用含有 6 个变量（2 个粒子各有 3 个坐标）的函数，而这样的函数在三维空间中不可能是"定域"函数。当系统更复杂时，必须采用含有更多变量的函数。从这个意义上说，量子力学的"波函数"类似于古典力学中粒子系统的"势函数"，也类似于统计力学中系统的"熵函数"。它仅仅描述运动状态，并帮助我们预测任何一种特定的运动在指定条件下可能产生的结果。因此，只有在我们描述粒子的运动时，它对于我们所描述的粒子才暂时具有物理学上的现实性。

描述一个粒子或粒子系统出现在不同地点的可能性有多大的函数，需要有某种数学上的记法；按照奥地利物理学家薛定谔①（他最先写出定义这种函数的性状的方程）的意见，这个函数一般用符号 $\psi\bar{\psi}$ 来表示。

我不想在这里讨论薛定谔基本方程的数学证明，但我希望大家注意一下导出这个方程的必要条件。这些条件至关重要，但又很离奇，它要求这个方程的形式必须使得描述物质粒子运动的函数能够显示出一切波动特性。

我们一旦推翻了古典概念，并用连续函数来描述运动，关于波动性质的要求就变得容易理解多了。这种要求只不过是说，我们的 $\psi\bar{\psi}$ 函数的传播并不类似于热通过一堵一面被加热的墙壁的传播，而类似于机械形变（声音）通过这种墙壁的传播。从数学上说，这要求我们所寻找的方程具有明确的、相当严格的形式。这个基本条件连同一个附加的要求——要求我们的方程在用于可以不考虑量子效应的大质量粒子时，应该变成古典力学中的相应方程——实际上把寻找这个方程的问题，化成了一项纯数学的作业。

如果大家愿意知道这个方程的最后形式是什么样，我可以在这里把它写出来。这就是

$$\nabla^2\psi + \frac{4\pi mi}{h}\psi - \frac{8\pi^2 m}{h}U\psi = 0 \qquad (19)$$

在这个方程中，函数 U 代表作用于粒子（质量为 m）的力势，对于任何一种指定的力场分布，它都使运动问题有确定的解。利用这种"薛定谔波动方程"，

① 薛定谔（Erwin Schrödinger），1887～1961，他由于对波动力学的研究而获得 1933 年的诺贝尔物理学奖。——译者注

物理学家们已经为原子世界所发生的一切现象，描绘出最完美而且最合乎逻辑的图景。

你们也许觉得奇怪：为什么我没有使用人们在谈到量子论时常常提到的"矩阵"那个术语？我应该承认，我个人是不太喜欢这种矩阵的，因此，我宁愿不同它打交道。不过，为了使大家不至于完全不知道量子论中的这种数学工具，我想用几句话简单地谈谈它。正如大家已经看到的，人们总是用某种连续的波函数来描述粒子或复杂力学系统的运动。这种函数往往相当复杂，可以看作是由许多比较简单的振动（即所谓"本征函数"）组成的，就像一个复杂的声音可以被看作由许多个简单的谐音组成的那样。因此，我们可以通过给出各个分量的振幅，来描述复杂系统的整个运动。由于分量（泛音）的数量无限多，我们必须写出一个无限长的振幅表：

$$
\begin{matrix}
q_{11} & q_{12} & q_{13} & \cdots \\
q_{21} & q_{22} & q_{23} & \cdots \\
q_{31} & q_{32} & q_{33} & \cdots \\
\cdots & \cdots & \cdots & \cdots
\end{matrix}
\qquad (20)
$$

这样的表就称为与某一指定运动相对应的"矩阵"，它遵循某些比较简单的数学运算法则，因此，有些理论物理学家喜欢用这种矩阵来进行运算，而不用波函数本身。可见，这种"矩阵力学"——理论物理学家们常常这样称呼它——只不过是原来的"波动力学"在数学上的一个变种，由于我们办这些讲座的主要目的是想把原理讲明白，所以，我们就不必更深入地讨论这些数学方面的问题了。

很可惜，时间不允许我向大家介绍量子论在同相对论结合以后所取得的进一步发展。这种发展主要归功于英国物理学家狄拉克[①]的研究工作，它给我们带来了许多很有意义的东西，并引发了一些极其重要的实验发现。以后，我也许还能够回头来谈谈这些问题，但是，现在我应该结束我的演讲了。

---

① 狄拉克（P.A.M.Dirac），1902～1984，他由于基本粒子方面的工作而获得 1933 年的诺贝尔物理学奖。——译者注

# 9 量子丛林

嗡……嗡……嗡……

汤普金斯先生从床上坐了起来，撩开被单，猛地一下把闹钟关上，并意识到这是星期一的早晨，又要去上班了。然后他又一次躺下，准备按老习惯再睡十分钟，然后等闹钟再次响起。

"嗨，快点起！该起床了！我们还要赶飞机呢，还记得吗？"这是教授在说话，他就站在床边，手上拎着一只大提箱。

"什么，你说什么？"还有点迷糊的汤普金斯先生坐了起来，一边揉着眼睛，一边嘟哝着。

"我们要去旅行呀。别告诉我你已经忘了！"

"旅行？"

"当然是旅行啦。我们要去量子丛林旅行。那个台球房的老板挺不错，他告诉我，用来制作他那些台球的象牙是从哪里弄来的。"

"象牙？可是人不应该采象牙啊……"

教授不理睬汤普金斯先生的反对，把手伸进提箱的边袋翻找着。

"哈，找到了！"他从箱子的边袋拿出一张地图正式地宣布，"瞧，我已经用红笔把那个区域标出来了。看到了吗？在那个地区里，一切事物都要服从量子规律，那里的普朗克常数非常大。我们得去考察一下。"

旅途中并没有发生什么值得一提的事。汤普金斯先生没怎么感觉到时间的流逝，飞机就降落在某个遥远的国度上，那是他们的目的地。据教授说，这是离那个神秘的量子区域最近的居民点。

"我们需要找一个导游。"他说。但他们很快就发现，要找向导是很困难的。当地的土著显然都对那个量子丛林抱有畏惧的心理，平时从来没有人走近那个地方。不过，后来还是有个看来莽撞而大胆的小伙子挺身而出，他把他那些胆小怯懦的朋友大大取笑了一番，自愿带两个来访者去冒险。

第一件要办的事是去市场买些装备和给养。

"你们得租头大象，我们好骑着它去。"那个小伙子宣布说。

汤普金斯先生看了一眼那头庞大的动物，心中立刻充满了恐惧。难道他真的要爬到大象背上去?!"听着，我可骑不了它，"他声明，"我从来没骑过大象。我真的不行。要是骑马嘛，也许还可以。但是，我可不能骑那个。"就在这时，他发现有另一个贩子在卖毛驴，眼睛便亮了起来。"来头毛驴，怎么样? 我觉得它挺适合我的身材。"

那小伙子毫不客气地哈哈大笑了，"骑头毛驴去量子丛林? 你一定是在开玩笑吧。那就像是骑一匹发怒的野马，你会立刻被摔下来的（如果那头毛驴没有先从你的两腿之间'漏'过去的话）。"

"啊，"教授喃喃地说，"我开始明白了。这小伙子还确实懂得不少事呢? "

"他吗?"汤普金斯先生说，"我揣摩他是同卖大象的贩子串通一气来骗我们，要我们买下我们不需要的东西吧。"

"可是我们确实需要有一头大象。"教授回答说，"在这个地方，别的动物会像我们见过的那些台球一样四处弥散，我们是不能骑的。我们还得给大象加上一些重的东西。这样一来，它的动量就会变得很大（尽管动量增大得不快），而这又意味着，它的波长将小到微不足道。不久以前我对你说过，位置和速度的测不准性全都取决于质量。质量越大，测不准性越小。这就是我们在普通的世界里，即使是对于像尘埃粒子那么轻的物体，也观察不到量子规律的原因。不错，电子、原子和分子都是服从量子规律的，但一般大小的物体就不是这样了。从另一方面说，在量子丛林中，普朗克常数是很大的，但是，尽管大象体重很重，它的行为仍然很难产生明显的效应。只有非常仔细地观察，你才能发现它的位置的测不准性。你可能已经注意到，它移动的轨迹不十分确定，似乎有点模模糊糊。这种测不准性非常缓慢地随时间而增大，我想，这就是本地人传说量子丛林里的老象有很长的毛的原因了。"

经过一番讨价还价，教授同意了商定的价钱，于是，他和汤普金斯先生便爬上大象，进入那个固定在象背上的筐子里，而那个年轻的导游则骑在大象的脖子上。他们开始朝着神秘的丛林出发了。

大约走了一个钟头，他们才来到丛林的边缘。当他们进入树林时，汤普金斯先生注意到，虽然周围连一丝风也没有，树上的叶子却都在沙沙作响。他问教授为什么会是这样。

"哦，这是因为我们都在看着它们。"这是教授的回答。

"在看着它们！这同树叶作响有什么关系？"汤普金斯先生喊了起来，"难道它们就这么害羞吗？"

"我可不太喜欢这种说法，"教授笑了，"问题在于，在进行任何观察时，只要你在看着观察的对象，你就免不了要干扰它。在量子丛林中阳光量子所集结成的光束，显然要比我们老家的光束大一些。加上现在的普朗克常数也要大得多，我们就应该料到，这里会是一个非常粗犷的世界。在这里不可能有任何柔和的动作。如果有人想在这里抚弄一只小狗，那么，那只狗要么根本什么也没有感觉到，要么会被'抚摸量子'抚摸一下就折断脖子。"

当他们穿过树林缓缓行进时，汤普金斯先生一直在思考着。"要是没有人在看着它们，"他问道，"那么，一切物体的表现是不是会正常呢？我的意思是说，那些树叶会不会像我们通常所想的那样不再沙沙作响呢？"

"谁知道呢？"教授想了一下，"要是没有人在看着它们，谁又能知道它们会不会动呢?"

"你是说,这与其说是个科学问题,不如说是个哲学问题吗?"

"要是你高兴,你不妨管它叫哲学。不过很可能是个没有意义的哲学问题。但是有一点很清楚,至少在自然科学中有一个基本原则——永远别空谈那些无法用实验去验证的事物。整个现代物理学理论都是建立在这个原则上的。而在哲学中,情况完全不同,有些哲学家也许想摆脱这种限制。例如,德国哲学家康德①曾经花很多时间去思考物质的性质,但他所考虑的不是物质'呈现出来'的性质,而是它们'自在'的性质。对于现代物理学家来说,只有所谓'可观察量'(也就是像位置和动量这类测量结果)才有意义,而且整个现代物理学都建立在这些量的相互关系之上……"

就在这时,突然传来一阵嗡嗡响的噪声。他们抬头观望,立刻看到一只很大的黑色飞蝇。它大约比马蝇大一倍,看起来异常凶恶。导游小伙子大声发出警告,要他们把头低下。他自己却拿出一把蝇拍,立刻开始击打那只来袭的昆虫。那只昆虫变成模模糊糊的一团,然后这模模糊糊的一团又变成一片朦朦胧胧的云,把大象和它背上的人全都包围起来。小伙子现在奋力朝四面八方挥动着蝇拍,但是主要是向云的密度最大的地方打过去。

打着了!他成功地完成了最后一拍。云马上消散不见,可以看到那死虫的尸体突然飞了出去,在空中划出一条弧线,然后落在了密密的丛林中。

"干得好!"教授喊道。小伙子得意洋洋地笑开了。

"我敢说,我完全不明白这一切是怎么回事……"汤普金斯先生嘟哝着。

"实际上并没有什么,"教授回答说,"那只昆虫非常轻。我们最初看到它以后,它的位置便很快随着时间而变得越来越测不准。最后我们就被'昆虫的概率云'包围住了,就像原子核被'电子的概率云'包围起来那样。到了这个时候,我们就不再能明确地知道那只昆虫在什么地方了。不过,概率

---

① 康德(Kant),1724~1804,唯心主义哲学家,不可知论者。——译者注

云的密度最大的地方，也是比较有可能找到它的地方。难道你没有看出那小伙子老是优先选择昆虫云密度比较大的地方往下拍吗？这是正确的战术，它提高了蝇拍和昆虫之间发生相互作用的可能性。你应该知道，在这个量子世界里，即使是最精准的瞄准，也不能肯定是不是会击中目标。"

打着了，他成功地完成了最后一拍

当他们重新开始旅行时，教授又接着往下说："这正好是在我们老家的世界里只有在非常小的范围内才会发生。电子围绕着原子核的表现，在许多方面类似于那只昆虫似乎把整头大象都包围起来的表现。不过，对于原子中的电子来说，你完全不必担心它们会像那小伙子打着昆虫那样被光子击中。这种可能性太小了——简直就不可能。要是你把一束光照射到原子上，那么，绝大多数光子不会起作用，它们将马上穿过原子，根本不产生任何效应。你只能希望也许有一个光子会击中靶心。"

"就像量子世界里那只可怜的小狗在受到抚弄时，十之八九会被弄断脖子那样。"汤普金斯先生得出了他的结论。

就在这个时候，他们走出了树林，发现自己正处在一个高高的平台上，下面是一大片开阔地。他们前下方的平原被一行浓密的树分成两半。那行树长在一条干涸了的河床的两岸，从那里一直延伸到看不见的远方。

"瞧，羚羊，一大群呢！"教授指着在那行树右边一群正在安宁地吃草的羚羊激动地说。

但是，汤普金斯先生的注意力却被躺在那行树另一边的动物吸引住了。那里有一群母狮。然后，不远处，他又发现了另一群，又一群，再一群……这时，那几群母狮站了起来，各排成一列，平行地朝着那行树跑去。不仅如此，各群之间的距离也完全相同。"多奇怪啊！"他想。这使他想起在老家的地铁站台上从星期一到星期五每天都要碰到的场景。上午 7：05，那些定时到来的月票使用者凭长期的经验知道，当列车进站停下时，车门会停在什么地方。而在车门打开时，如果你不是正好站在门口，你就抢不到座位。正是因为这样，像汤普金斯先生这样的老手总是几人挤在一起形成一些小小的群体，按照一定的间隔站在站台上。

那些母狮全都热切地望着那行树的两个狭窄的缺口。但是，汤普金斯先生还没有来得及问这是怎么回事，那行树右边的远处已经突然骚乱起来了。一头孤独的母狮突然从它潜伏的地方跑到开阔地来。羚羊们看到了它，便立刻飞跑起来，莽莽撞撞地朝着那行树的两个缺口冲过去，想逃过这场劫难。

当羚羊们出现在树丛的左边时，最不可思议的事情发生了。它们既不是聚在一起保持原来的群体，也不是四散各自逃命，而是一只只相继排成几行，每一行都直对着一群正在等待它们的母狮跑去。在跑到狮子面前时，这些羚羊神风队员①当然马上受到攻击并被吃掉了。

汤普金斯先生看得目瞪口呆。"这完全讲不通啊。"他喊道。

"这完全讲得通，"教授嘟哝说，"而且很有道理。这太有意思了。这就是杨氏的双光缝。"

"谁的双什么？"汤普金斯先生似乎在悲叹。

"对不起，恐怕我又在说专门术语啦。我想说的是一种实验，在这种实验中，要把光束照射在障碍物的两个狭缝上。如果光束是由粒子组成的（就像从罐子里喷出的香粉那样），那么，在障碍物的另一边就应该出现两个光束，每一束同一个狭缝相对应。但是，如果光束是由波组成的，那么，每一个狭缝便都起着波源的作用。它们发出的波会扩散开来，并且彼此重叠在一起。这两组波的波峰和波谷将彼此混合起来，互相干涉。在某些方向上，这两个波列并不同步，于是一个波列的波峰就同另一个波列的波谷叠在一起，从而互相抵消掉，结果，在这些方向上就什么也没有了。我们把这种情形称为相消干涉。在另一些方向上，我们看到的是完全相反的情形：这时两个波列完全同步，其中一个波列的波峰同另一个波列的波峰叠在一起，与此相似，它们的波谷也叠在一起，它们互相加强，因此，传到这些方向的波就特别强大。这就是我们所说的相长干涉。"

---

① 神风队，是第二次世界大战后期日本军国主义者在垂死挣扎中组织的飞行队，队员每人驾驶一架装满炸弹的飞机，以自杀的方式冲击美军的战舰。——译者注

它们直对着正在等待它们的母狮跑去

"你是说，在狭缝的后面，在那些发生相长干涉的地方会有一些彼此隔开的光束；而在它们之间，也就是发生相消干涉的地方，就什么东西也没有吗？"汤普金斯先生问道。

"正是这样。并且在狭缝后面出现的不止是两个光束，而可能是许多光束，它们之间的间隔完全相同。它们之间所形成的角度取决于原始光束的波长和两个狭缝之间的距离。在狭缝后面得到的光束多于两个这一事实，证明了这时所碰到的是波，而不是粒子。这个实验被称为'杨氏①双缝实验'，因为正是这个实验使物理学家杨氏得以演示光束是由波构成的。现在，从这里的新版本，"教授朝着下面那个大屠杀的场面做了个手势，"你可以看到羚羊也具有波的性质。"

"可是我还是不太明白，"仍然感到困惑的汤普金斯先生索性打破砂锅问到底，"为什么羚羊们会做出这种自杀的事呢？"

"它们别无选择，这里的干涉模式决定了它们的去路。对于任何一只具体的羚羊来说，我们无法说它从那行树的两个缺口出现以后会朝着哪个方向跑去。我们事先所能说的，只不过是朝某些方向跑的概率大一些，而朝其他方向跑的概率小一些。但是当羚羊有一大群时，情况就不同了，它们只能穿过那两个缺口去碰运气了。不幸的是，那些母狮都是经验丰富的猎手。它们知道羚羊的平均体重，以及羚羊能跑多快，而这二者决定了羚羊的动量和羚羊束的波长。母狮们还知道那行树两个缺口之间的距离，所以，它们便能计算出该在什么地方等待，才能让食物自动送上门来。"

"你是说，那些母狮十分精通数学？"汤普金斯先生不太相信地感叹道。

教授笑了，"不，我并不这样想，比起一个需要好好计算出抛物线轨道才知道该怎样接住球的孩子来，它们并不高明多少。我想，这大概只是母狮

---

① 托马斯·杨（Thomas Young），1773～1829，英国物理学家，他用正文中所说的实验第一次证明了光的波动性。——译者注

们的本能判断。"

当他们再进行观察时，那头最初把羚羊群吓跑的母狮已经加入一群母狮中去分享它应得的食物了。

"好好看着它，"教授评论道，"你有没有注意到，它穿过那行树的缺口时速度是很慢的。它显然是想弥补它的质量比一般羚羊大所产生的后果。由于运动得比较慢，它可以具有与羚羊相同的波长。这样一来，就能保证它自己会被衍射到羚羊们所遵循的一个方向上去，从而获得一份食物。那些搞进化论的生物学家们确实应该花点时间到野外来，研究生物在这样的环境下所选择的种种行为……"

他的话被一阵快节奏的嗡嗡声打断了。

"小心！"那个导游喊道，"又有一只飞虫要袭击我们啦！"

汤普金斯先生急忙缩下脑袋，为了加强防护，还把衣服拉起来盖在头上。其实，那并不是他的衣服，而是他的被单。同时，那嗡嗡的声音也不是来袭的量子昆虫发出的，而是来自他床头的闹钟。

# 10 麦克斯韦的妖精

在过去的几个月里,汤普金斯先生和慕德经常一起去参观美术馆与画廊,议论他们所看过的艺术品的优点和缺点。他千方百计尽力给她讲解他最近刚认识到的量子物理学的奥秘。由于他精通数字,当她需要同商人和美术馆馆主处理一些业务上的问题时,他所提供的帮助也一直被证明是很有价值的。

在一个适当的时机,他终于鼓起勇气向她求婚,并且非常高兴地得到她的同意。他们决定在诺尔顿庄园安家,这样,她就不必放弃她的画室了。

一个星期六上午,他们在等待她父亲过来共进午餐。慕德坐在沙发上阅读最新一期的《新科学家》,汤普金斯先生则在餐桌边替她把税单归类。在挑出一堆美术用品的发票时,他不由得评论说:"我看,我是无法早点退休,靠我太太的收入生活啦——一点门也没有。"

"我呢,我也看不出咱俩能够靠你的收入生活。"她头也不抬地回答说。

汤普金斯先生叹了口气,把单据收起来放入文件夹里,然后拣起报纸同慕德一起坐在沙发上。在翻到副刊彩页时,他的注意力被一篇关于赌博的文章吸引住了。

"嗨,"过了片刻,他突然说道,"我看,我找到答案了。有一种包赢不输的赌博方法。"

"是吗?"慕德心不在焉地嘟哝着,继续读着她的杂志,"谁说的?"

"这张报纸上说的。"

"报纸上说的，那大概是真的啦。"她半信半疑地说。

"绝对是真的。你来瞧瞧，慕德！"汤普金斯先生回答说，同时把那篇文章指给她看，"我不知道别种赌法怎么样，但这一种是根据又纯粹又简单的数学建立起来的，我确实看不出它有什么问题。你所需要做的一切，只不过是在纸上写下

1，2，3

这几个数字，然后按照这里所说的简单规则去做就行了。"

"好吧，让我们试试看，"慕德说，她开始感兴趣了，"按什么规则？"

"你就按文章里那个例子做吧，这大概是学习这些规则的最好的办法了。根据文章里的说明，他们玩的是轮盘赌①，这时你应该把钱押在红格或黑格上，就像扔硬币猜正、背面一样。好，现在我写下

1，2，3

规则是：我出的赌注应该永远等于这个数列头尾两个数字之和。因此，我现在应该出 1 加 3，也就是 4 个筹码，并把它押在比方说红格上。如果我赢了，我就得把 1 和 3 这两个数字砍掉，这样，我下一次的赌注就必定是剩下的

---

① 轮盘赌是国外的一种赌法。一般轮盘有 36～38 个格子，每格一个数字，轮盘转动后，球停在哪个数字上，押那个数字的人赢钱（押 1 元赔 35 元）。当然，也可以只设红、黑两格（押 1 元赔 1 元），这里说的是后一种。——译者注

你可以包赢不输

数字 2 了。如果我输了，我应该把输掉的数目添在上面那个数列的末尾，并且按同样的规则找出下一次的赌注应该是多少。好，现在假定球停在黑格子里，结果，赌场的庄家把我的 4 个筹码扒进去了。这样一来，我的新数列应该是

$$1, 2, 3, 4$$

所以我下一次出的赌注是 1 加 4，即等于 5。假定我第二次又输了，这篇文章说，我还得按同样的方法继续干下去，把数字 5 添到数列的末尾，并在赌桌上押 6 个筹码。"

"你这一次可得赢了！"慕德喊道，她显得十分激动，"你总不能老输下去呀。"

"没关系的。"汤普金斯先生说，"我小时候同小朋友猜硬币，有一回竟接连出现 10 次正面，信不信由你。不过，就让我们按照文章里所说的那样，假定我这次赢了。这样，我就收进了 12 个筹码，但是，比起我原来的赌本来，我现在还亏 3 个筹码。按照这篇文章的规则，我得把 1 和 5 这两个数字砍掉，于是，我的数列现在变成

$$\cancel{1}, 2, 3, 4, \cancel{5}$$

我下一次的赌注应该是 2 加 4，也就是说，仍旧等于 6 个筹码。"

"文章说，这一次你又该输了，"慕德叹了一口气，她这时正越过她丈夫的肩膀读着那篇文章，"这就是说，你应该把 6 这个数字添到数列的末尾，下一次该出 8 个筹码。是不是这样？"

"对，完全正确。可是我又输了。现在我的数列变成

$$\cancel{1}, 2, 3, 4, \cancel{5}, 6, 8$$

因此，这一次我该出 10 个筹码。好，赢了。我把数字 2 和 8 砍掉，下一次的赌注是 3 加 6 等于 9。但是，我又输了。"

"这是个糟糕透顶的例子，"慕德噘着嘴说，"到目前为止，你已经输了 5 次，才只赢了 2 次。这太不公道了！"

"没关系，没关系，"汤普金斯先生带着魔术家的充分自信说，"到这个回合结束的时候，我们准能赢钱。我上一次输掉 9 个筹码，所以，我得把这个数字添到数列的后面，使它变成

$$\not1, \not2, 3, 4, \not5, 6, \not8, 9$$

并出 12 个筹码。这次我赢了，所以我把数字 3 和 9 砍掉，用剩下的两个数字之和，也就是 10 个筹码作为赌注。我又接着赢一次，于是，这个回合便结束了，因为现在所有数字都已经统统砍掉。这样，尽管我只赢了 4 次，却输了 5 次，但我还是净赢了 6 个筹码！"

"你真的有把握说你赢了 6 个筹码？"慕德有点怀疑地说。

"完全有把握。你瞧，这种赌法就是这样安排的：只要结束一个回合，你就总能赢 6 个筹码。你可以用简单的算术来证明这一点，所以我说，这种赌法是一种数学赌法，它是不可能失效的。要是你还不相信，你可以拿张纸自己检验检验。"

"好吧，我相信你说的，这确实是种包赢的赌法，"慕德体贴地说，"不过，6 个筹码当然不算是大赢了。"

"如果你有把握在每一个回合的终了都赢到 6 个筹码，这可就是大赢了。你可以一次又一次重复这种做法，每一次都从 1、2、3 开始，而最后你想有多少钱就会有多少钱。这不是再好不过的事吗？"

"妙极了！"慕德兴奋地说，"那时你就可以提前退休了。"

"不过，我们最好首先赶快到蒙特卡洛①去。肯定已经有许多人读过这篇文章了，要是我们到了那里只能看到别人已经赶在我们前面，把赌场弄得一家家关门大吉，那可就太糟了。"

———————
① 蒙特卡洛属于摩纳哥公国，是欧洲闻名的赌城。——译者注

"我这就给航空公司打电话，"慕德自告奋勇说，"问问下一班客机什么时候起飞。"

"你们这是在忙些什么？"在过道里响起一个熟悉的声音，慕德的父亲走了进来，他惊讶地看了看这对非常兴奋的夫妇。

"我们想乘下一班客机去蒙特卡洛，等我们回来的时候，我们就变成大富翁了。"汤普金斯先生说，一面站起来迎接教授。

"啊，我知道了，"教授笑了一笑，把自己安顿在壁炉旁边一张舒适的老式沙发里，"你们找到了一种新的赌法？"

"不过，这回的赌法真的是包赢的，爸！"慕德声明说，她的手还放在电话机上。

"真的，"汤普金斯先生补充说，他把报纸拿给教授看，"虽然听上去不太可能，但这种赌法完全不同，你肯定能赢，绝不会失手。"

"绝不会失手？"教授笑着说，"好，那就让我们看看吧。"他很快地翻阅了这篇文章以后，继续说，"这种赌法的一个突出的特点，就是那个指导你怎样出赌注的规则，要求你每次输钱以后都要增加赌注，但每次赢钱以后却要减小赌注。这样，要是你非常有规律地交替输赢，你的赌本就会不断上下起伏，不过，每一次增加的数量都比上一次减小的数量稍稍多一点。在这种情况下，你当然很快就会变成百万富翁了。但是，你肯定也知道，这样的规律性通常是不存在的。事实上，发生这种有规律的输赢的机会，是同接连赢那么多次的机会一样小的。因此，我们就必须看看，如果你接连赢几次或接连输几次，会产生什么样的后果。要是你走了赌徒们所说的那种红运，那么，这里的规则要求你每次赢钱以后都减少——至少是不再增加——你的赌注，所以，你所赢得的总数就不会太多。但是，由于你每次输钱以后都得增加赌注，所以，你一旦走了厄运，就会出现巨大的灾难，它可能把你弄得倾家荡产。现在你可以看出，那条代表你赌本变化情况的曲线有几个缓慢上升的部分，而中间却插入一些非常急剧的下降部分。在开始赌博的时候，你似乎能够一直保持在曲线那个缓慢上升的部分，那时，由于注意到你的钱正在缓慢然而可靠地增多，你会暂时体验到一种欣慰的感觉。但是，如果你赌得相当久，希望越赢越多，你就会出乎意料地碰到一次急剧的下降，下降的深度可能等于你的全部赌本，一下子让你把最后一分钱都输掉。我们可以用十分普通的办法证明，不管是这种赌法还是任何其他赌法，曲线升高一倍的概率是同它降到零的概率是相等的。换句话说，你最后赢钱的机会，正好等于你一次把所有的钱押在红格或黑格上、一下子把赌本增加一倍或者一下子全部输光的机会。所有这类赌法所能办到的，只不过是延长赌博的时间，让你对赢钱产生更大的兴趣罢了。但是，如果这就是你所想达到的全部目的，那么，你根本用不着弄得这么复杂。你知道，有一种轮盘上有 36 个数字，你尽可以每次押 35 个数字，只留下一个不押。这样，你赢钱的机会是 35/36，每赢一次，除了你赌注中所押的 35 个筹码以外，庄家还得再付给你 1 个筹码；在轮盘转 36 次当中，大约有一次转球会停在你选好没有押筹码的那个数字上，这一来，你出的 35 个筹码便全部输了。按这种办法赌下去，只要时间足够长，你的赌本的起伏曲线就会和你按这张报纸的赌法得到的曲线完全相同。"

"当然啰，我刚才一直是假定庄家没有设空门统吃这一格的。但事实上，我所看到的每一个轮盘上，都设有'零'这一格，有时甚至有两格，这是给开赌人留的彩头，对下赌注的人很不利。因此，不管赌钱的人采用什么赌法，他们的钱总是会逐渐从他们的腰包里跑到赌场主的钱柜中去。"

"你的意思是说，"汤普金斯先生完全泄气了，"根本不存在什么包赢不输，让人可以一直赢钱，却不用冒更大的风险输钱的赌法。"

"这正是我的意思，"教授说，"不仅如此，我刚才所说的不但适用于赌博这种比较不重要的问题，并且也适用于许多乍一看来似乎同概率定理毫无关系的物理现象。说到这一点，要是你能够设计出一种突破概率定理的系统，那么，比起赢几个钱，人们能做更令人振奋的事情。那时，你可以生产不烧汽油就能跑的汽车，可以建造不烧煤就能运转的工厂，还可以制造许多别的稀奇古怪的东西。"

"我好像在什么地方读过关于这种假想机器的文章，我想，它们被称为永动机，"汤普金斯先生说，"应该不能有不用燃料就能开动的机器吧，因为谁也不能无中生有地产生出能量来。不过，这类机器同赌博没有丝毫关系啊。"

"你说得很对，我的孩子，"教授表示同意，他很高兴他能把女婿的注意力从赌博引开，回到他自己喜欢的物理学上来，"这类永动机——人们管它叫'第一类永动机'——是不可能实现的，因为它同能量守恒定律相矛盾。不过，我刚才所说的不烧燃料的机器属于另一种不同的类型，人们通常把它称为'第二类永动机'。人们设计这类永动机，并不希望能够无中生有地产生能量，而是希望它们能够从我们周围的热库中——大地、海水和空气——把能量提取出来。例如，你可以设想有一艘轮船，它的锅炉也冒着蒸气，可它并不是依靠烧煤，而是依靠从周围水中提取热量。事实上，如果真的有可能迫使热量从较冷的物体流到较热的物体上去，那么，不用我们正在使用的其他办法，我们就能造出一种机器，让它把海水抽上来，取出海水中所含的热量，然后再把剩下的冰块推回海里去。当 1 升冷水凝结成冰时，它所释放出的热量足够把另 1 升冷水加热到接近沸点。要是能用这样的机器来工作，世界上每一个人就都能够像拥有一种包赢不输的赌法的人那样，过着无忧无虑的生活了。遗憾的是，这两者是同样不可能实现的，因为它们同样违反了概率定理。"

"关于从海水中提取热量来产生轮船锅炉中的蒸汽是一种荒唐的想法，这一点我倒是接受得了的，"汤普金斯先生说，"不过，我实在看不出这个问题同概率定理有什么关系。我们肯定不能用骰子和轮盘来充当这种不用燃料的机器的运动部件吧?"

"当然不能啦!"教授大声笑说,"起码,我不认为哪个永动机的发明者会提出这样的建议,哪怕他是最想入非非的一个。问题在于,热过程本身就其本质而论,是同扔骰子非常相似的;希望热量从较冷的物体流到较热的物体上,就等于希望金钱从赌场主的钱柜流到你的腰包里。"

"你是说,赌场主的钱柜是冷的,我的腰包是热的了?"汤普金斯先生问道,他现在觉得非常困惑。

"是的,从某种意义上说就是这样,"教授回答说,"要不是你漏听我上星期那次演讲,你就会明白,热只不过是无数粒子——构成一切物质的所谓原子和分子——在作快速的、不规则的运动。这种分子运动进行得越迅猛,物体就显得越热。由于这种分子运动非常不规则,它就要遵守概率定理。我们很容易证明,一个由大量粒子构成的系统最可能实现的状态,必定相当于现有的总能量在粒子间或多或少均匀分布的状态。如果物体的一部分受到热,也就是说,如果在这个区域内分子开始运动得比较快,那么,我们应该预料到,这个额外的能量将通过大量偶然的碰撞,很快分给其他所有粒子。不过,由于碰撞是纯属偶然的,也有可能发生这样一种情况,即仅仅出于偶然的机会,某一组粒子可能牺牲别的粒子,多得到一部分现有的能量。热能这样自发集中在物体某一特定的部分,就相当于热量逆着温度梯度流动,从原理上说,我们是不能排除这种可能性的。但是,要是谁去计算发生热量这种自发集中的相对概率,他所得到的数值将非常非常之小,因此,实际上可以认为这种现象是根本不可能发生的。"

"哦,现在我明白了,"汤普金斯先生说,"你是说,这种第二类永动机偶尔也能够工作,但发生这种情况的机会非常之小,就像一次扔 100 个骰子,100 个骰子都是 6 的机会那么小。"

　　"可能性比这还要小得多，"教授说，"事实上，在同大自然赌博时，我们赌赢的概率是那么微小，甚至连想找些字眼来形容它都很困难。举个例子吧，我可以计算出这个房间里的所有空气全部自动集中在桌子下面，而让其余地方都成为绝对真空的概率有多大。这时，你一次扔出的骰子的数目应该等于这个房间里空气分子的数目，所以，我必须知道这里有多少个分子。我记得，在大气压力下，1 立方厘米空气所包含的分子数是一个 20 位数，所以，这整个房间里的空气分子大约是 27 位数的数字。桌子下面的空间大致是这个房间总体积的 1/100，因此，任何一个特定的分子正好处在桌子下面，而不处在别的地方的机会也是 1/100。这样，要算出所有分子一下子全处在桌子下面的机会，就必须用 1/100 乘以 1/100，再乘以 1/100，这样一直乘下去，直到对房间里的每一个分子都乘完。我这样得到的结果，将是一个在小数点后面有 54 个零的小数。"

　　"唁！"汤普金斯先生叹了一口气，"我当然不能把赌注押在这样小的机会上了！但是，这一切岂不是意味着偏离均匀分布的情形干脆就不可能发生吗？"

　　"正是这样，"教授同意说，"你可以把我们不会因为所有空气全部处在桌子下面而窒息致死看作是一个真理；也正因为这样，你酒杯中的液体才不会自动开始沸腾。但是，如果你所考虑的区域小得多，它所包含的分子（骰子）的数目就少得多，这时，偏离统计分布的可能性就大得多了。例如，就在这个房间里，空气分子通常就会自发地在某些地点上聚集得比较多一些，从而产生暂时的不均匀性，这就叫作密度的统计涨落。当阳光通过地球的大气时，这种不均匀性会使光谱中的蓝光发生散射，从而使天空呈现我们所熟悉的蓝色。如果没有这种密度涨落存在，天空就会永远完全是黑的，那时，即使在大白天，星星也会变得清晰可见了。同样，当液体的温度升高到接近沸点时，它们会稍稍呈乳白色，这也可以用分子运动的不规则性所产生的类似密度涨落来解释。不过，这种涨落是极不可能大规模发生的，而大尺度的涨落，我们可能几十亿年也看不到一次。"

"但是，就是现在，并且就在这个房间里，也仍然存在着发生这种不寻常事件的机会，"汤普金斯先生固执地说，"不是吗？"

"是的，当然是这样，并且谁也没有理由坚持说，一碗汤不可能由于其中有一半分子偶然获得同一方向的热速度，而自动地整碗翻倒在台布上。"

"这样的事就在昨天才发生过呢，"慕德插话说，她现在已看完她的杂志，对讨论产生兴趣了，"汤洒出来了，而阿姨说，她连碰也没有碰到碗。"

教授咯咯地笑了起来。"在这个特殊的场合下嘛，"他说，"我揣摩，对这件事负责的应该是那个阿姨，而不是麦克斯韦①的妖精。"

"麦克斯韦的妖精？"汤普金斯先生重复了一遍，他感到十分奇怪，"我本来还以为科学家是最不相信妖精鬼怪这类东西的人哩。"

"不过，我这样说并不是很认真的，"教授说，"麦克斯韦是一个著名的物理学家，他应该对这个名词负责。可是，他引进这样一个统计学妖精的概念，只不过是为了把话说得形象化一些而已。他用这个概念来阐明关于热现象的辩论。麦克斯韦把他这个妖精设想成一个动作非常敏捷的小伙子，他能够按照你的命令去改变每一个分子的运动方向。如果真的有这样一个妖精，那么，热量就有可能从较冷的物体流到较热的物体上去，这时热力学的基本定律——熵恒增加原理——就一文不值了。"

"熵吗？"汤普金斯先生重复了一次，"我以前听到过这个名词的。有一次，我的一个同事举行酒会，在喝了几杯以后，他请来的几个学化学的大学生就用流行歌曲的调子，开始唱了起来：

　　增增，减减，

---

① 麦克斯韦（Maxwell），1831~1879，英国物理学家，他对气体动力学理论、天体物理学、颜色理论、热力学和电磁学都有重大贡献。——译者注

减减，增增，

我们要熵怎么办，

要它减来还是增？

不过，说到头，熵到底是什么东西呢？"

"这倒不难解释。'熵'只不过是个术语，它所描述的是任何一个指定的物体或物理系统中分子运动的无序程度。分子之间的大量无规则的碰撞总是倾向于使熵增大，因为绝对的无序是任何一个统计系统最可能实现的状态。不过，如果麦克斯韦的妖精真的存在的话，他很快就会使分子的运动遵循某种秩序，就像一只好的牧羊狗能够把羊群聚拢起来，使羊群沿着道路前进一样。这时，熵就会开始减小。我还应该告诉你，玻耳兹曼①根据所谓 $H$ 定理，在科学中引进了……"

教授显然忘记了同他谈话的人对物理学实际上几乎一无所知，根本达不到大学生的水平，所以他在继续往下讲的时候，使用了许多像"广义参数"啦、"准各态历经系统"啦这类极为生僻的术语，而且还自以为正在把热力学的基本定律及其与吉布斯②统计力学的关系讲得像水晶那么透彻哩。汤普金斯先生已经习惯于听他岳父作这种他理解不了的长篇大论，所以他就以逆来顺受的哲学家风度啜着他那杯加苏打水的苏格兰威士忌，努力装出很有心得的样子。但是，统计物理学的这一切精华对于慕德来说肯定是太深奥了，她把身子蜷缩在沙发上，想尽办法使眼睛不致闭上。最后，为了把瞌睡赶走，她决定去看看晚饭做得怎么样了。

"夫人要什么东西？"当她走进餐室时，一个穿得很雅致的高个儿厨师向

① 玻耳兹曼（Boltzmann），1844～1906，奥地利物理学家，气体动力学理论的奠基者之一，在热力学和统计物理学上有很大成就。——译者注

② 吉布斯（Gibbs），1839～1903，美国物理学家，化学热力学的奠基者之一。他在建立统计物理学方面有重大的贡献。——译者注

她鞠了一躬，彬彬有礼地问道。

"什么也不要，我是来同你一块干活的，"她说，心中奇怪为什么会有这样一个人。这显然是桩特别古怪的事，因为他们从来没有男厨师，也肯定雇不起男厨师。这个人细高的个儿，橄榄色的皮肤，长着一个又长又尖的鼻子，那双绿色的眼睛似乎炽燃着一种奇怪的、强烈的火焰。当慕德注意到他额上的黑发中半露出两个对称的肉肿块①时，她的脊梁上闪过了一阵寒栗。

"也许是我在做梦，"她想，"要不然，这就是靡菲斯特②本人直接从歌剧院跑出来了。"

"是我的丈夫雇你来的吗？"她大声问道，因为她总得说点什么呀。

"完全不是，"这个古怪的厨师回答说，他极具艺术性地敲了敲餐桌，"事实上，我是自愿上这里来的，为的是向你那高贵的父亲证明，我并不像他所认为的那样是个虚构的人物。请容许我自我介绍一下，我就是麦克斯韦的妖精。"

"啊！"慕德松了一口气，"那么，你大概不像别的妖精那么叫人讨厌，你丝毫没有害人的意图。"

"当然没有啦，"妖精宽宏大量地笑了笑，"不过，我很喜欢开玩笑，现在我就想同你父亲开个玩笑。"

"你想干什么？"慕德问道，她的疑虑还没有完全消除。

"我只是想向他表明，如果让我来办，熵恒增加定律就会彻底完蛋。为了让你相信我能够做到这一点，我冒昧地请你陪我走一趟。这根本不会有任何危险，我向你保证。"

妖精说完这些话以后，慕德感到他的手紧紧抓住她的手肘，同时，她周围的每一件东西都突然变得非常古怪。她厨房里所有熟悉的物体开始以可怕

---

① 欧美传说中的妖精鬼怪是头上长角的，这里指的就是这种特征。——译者注
② 靡菲斯特是著名德国文学家歌德的长诗《浮士德》（后被改编为歌剧）中的恶魔。——译者注

的速度变大，她向一张椅背看了最后一眼，它已经把整个地平线都遮住了。当一切最后平静下来的时候，她发现她自己正被她的同伴挽着，飘浮在空中。许多像网球那么大、看起来模模糊糊的球，从四面八方掠过他们的身边，但是，麦克斯韦的妖精巧妙地使他们不致撞上任何看来有危险的东西。慕德向下一看，看到一个外表很像渔船的东西，似乎直到船舷的边缘，都堆满了还在颤动着的、闪闪发光的鱼。不过，这并不是鱼，而是无数模模糊糊的球，非常像在空中从他们身旁飞过的那些。妖精带着她停了下来，这时，她能够清楚地观察到那些球如何杂乱无序地翻滚着。有些球浮升到表面上，有些球则似乎在往下沉。偶尔有一个球会以非常快的速度猛冲到表面上，甚至突出表面闯到空中来，有时在空中飞的球也有一两个潜入这碗"球粥"中，消失在千千万万个其他小球的下面。慕德在更仔细地观察这种粥以后，发现里面实际上有两种不同的球。如果说其中大多数看来很像网球，那么，那种比较大也比较长的，则更像美国的橄榄球。所有的球都是半透明的，并且似乎具有一种复杂的、慕德无法形容的内部结构。

"我们这是在哪里？"慕德气喘吁吁地说，"地狱就是这个样子吗？"

"不，"妖精笑了，"别异想天开了，我们只不过是在近距离地观察你父亲端的那杯威士忌表面的很小一部分，他一结束准各态历经系统这个话题肯定就要喝掉它了。这些球全都是分子。比较小的圆球是水分子，而比较大、比较长的那种是乙醇分子。如果你留心算一算这两种球的数目的比例，你就会认识到，你丈夫为他自己倒的是一种多么烈性的饮料了。"

"这倒非常有意思，"慕德尽量显出严厉的神情说，"可是，上面那些看来像一对对正在戏水的鲸鱼样的东西是什么呢？它们不可能是原子鲸鱼吧，对吗？"

妖精朝慕德所指的方向看去。"不，它们绝不是鲸鱼，"他说，"事实上，它们是烧糊了的非常细小的大麦碎片，正是这种配料使威士忌具有它独特的香味和颜色。每一块这样的碎片都是由几百万以至于几千万个复杂的有机分子组成的，所以它们比较大，也比较重。你看到它们老在转来转去，这是因为它们被那些因热运动而变得非常活跃的水分子和乙醇分子撞来撞去。

IT TURNED OUT THAT THEY WERE NOT FISH AT ALL

"我们这是在哪里？地狱就是这个样子吗？"

科学家们就是通过研究这种中等大小的粒子，才第一次直接证明了热的分子运动理论，这些分子太小了，即使在显微镜下也看不清，但这些中等大小的粒子，就像那些大麦碎片一样，却可以用显微镜来观察。测量这样悬浮在液体中的微粒所表演的塔兰台拉舞①（即通常所谓布朗运动）的强度，物理学家们就能够得到关于分子运动能量的第一手情报资料。"

然后，妖精把她带到一堵庞大的墙壁跟前，这堵墙是用数不清的水分子像砌砖那样一个紧挨一个整齐地砌在一起筑成的。这面墙就立在威士忌海面之上。

"真壮观啊！"慕德赞叹地说，"这正是我一直想给我画的那张肖像寻找的背景图案。这座漂亮的建筑物究竟是什么东西？"

"噢，这是一块冰晶体的一部分，是你丈夫杯子里的许多小冰晶当中的一块，"妖精说，"现在，要是你不见怪的话，我该开始跟那位自信的老教授开个玩笑了。"

说着，麦克斯韦的妖精便让慕德像个不情愿的爬山者那样，战战兢兢地坐在那块冰晶体的边缘上，他自己却开始工作了。他拿起一个像网球拍那样的器械，不断猛击着他周围的分子。他东一下，西一下，使所有分子的运动方向都发生了改变。尽管慕德所处的位置非常危险，她还是情不自禁地欣赏起他那奇妙的速度和准确度来，每当他成功地使一个飞得特别快、特别难击中的分子折回去，她就非常兴奋地为他喝彩。比起她现在目睹的这场表演来，她过去看到过的网球冠军似乎都是些毫无希望的笨蛋了。在短短的几分钟里，妖精的工作成果已经十分显著了。这时候，尽管液体表面上覆盖着一些运动非常缓慢的、不活跃的分子，但直对着她脚下的那一部分却比任何时候都更加激烈地翻腾着。在蒸发过程中，从表面跑掉的分子在迅速地增多。现

---

① 塔兰台拉舞是意大利南部的一种轻快的民间舞，跳舞时，舞伴互相交换穿插。——译者注

在，它们成千成万个结合在一起跑掉，就像一个个大气泡那样闯入空中。然后，一片由蒸汽形成的云雾遮住了慕德的整个视线，她只能偶尔看到球拍或妖精外衣的后摆在大量狂乱的分子之间闪动。突然，妖精来到她身边。

"快，"他说，"该走开了。要不，我们会被烫死的。"

说着，他牢牢地抓住她的胳膊时，同她一块腾空而起。现在她发现自己正在院子的上空翱翔，朝下看着她的父亲和丈夫。她父亲正在地上跳着。

"可怕的熵啊！"她父亲大声喊道，疑惑不解地看着汤普金斯先生，"那杯威士忌在沸腾着！"

那杯威士忌在沸腾着

杯子里的液体被迅猛冒出的气泡盖住了，一朵稀薄的蒸汽云向天花板袅袅升起。但是，最最古怪的是，饮料中只有一块冰晶周围的很小一个区域在沸腾，其余的饮料仍旧是非常冷的。

"想想看！"教授依然有点害怕，连声音都有点发抖，"我正在这里给你讲熵定律中的统计涨落，而我们马上就真的看到了一次！由于这种机会小到不可思议，这大概是从地球开始存在以来运动比较快的分子第一次偶然自发地全部聚集在一部分水面上，从而使水开始自动地沸腾！大概，就是再过几十亿年，我们也仍然是唯一有机会看到这种反常现象的人。"他注视着饮料，它现在正在慢慢冷下来。"我们真走运啊！"他心满意足地呼出一口气。

就在慕德继续从空中朝下观察的时候，她逐渐被从酒杯升上来的蒸汽云包围住了。很快，她什么都看不见了。四周又热又闷，连呼吸都很困难。她喘着气挣扎起来。

"你还好吗，亲爱的？"汤普金斯先生问道，一边温柔地摇晃着她的胳膊。"听起来你好像有点透不过气。"

她醒了过来，定了定神，把帽子从脸上挪开，看见夕阳正在西下。

"对不起，"她嘟哝着，"我一定是睡着了。"

她想起不久前有位朋友对她说过，结了婚的夫妻倾向于变得越来越像彼此。她想，她肯定不会像她丈夫那样喜欢再做一些同类的梦。"不过，"她自己暗暗地笑了，"我们肯定可以成为温驯的麦克斯韦的妖精，把家里收拾得井井有条。"

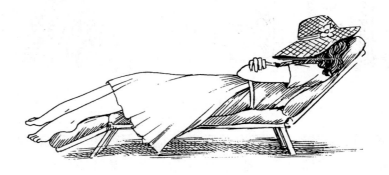

# 11　快乐的电子部族

几天后的一个晚上，汤普金斯先生吃过晚饭，记起他答应去听教授当天晚上关于原子结构的演讲。但是，他感到特别累，因为当天下班后回家的火车因为线路故障在火车站外等了半个多小时迟迟不能进站。天气闷热，车厢里闷得让人喘不过气来，等他到家时已经筋疲力尽了。因此，他决定把这次演讲会忘掉，在家里过一个舒舒服服的夜晚，希望岳父不会注意到他没去听讲座。然而，他刚刚拿了一本书坐下，慕德就堵死了他逃学的道路，她看了看时钟，然后温柔而又坚定地提醒他说，已经差不多是该动身的时候了。因此，半个钟头以后，他又同一大群渴望增加知识的青年学生一起，坐在大学演讲厅里的硬木头板凳上了。

"女士们、先生们，"教授从他的老花眼镜上面庄重地看着听众，开始演讲了，"我在上一次演讲里，答应同大家比较详细地谈谈原子的内部结构，说明这种结构的特点对原子的物理性质和化学性质起什么作用。你们当然知道，原子现在已不再被看作是物质的最基本的、不可再分的组成部分了，这样的角色目前是由电子这类小得多的粒子来扮演的。"

"把物质的基本组成粒子看作是物体可分性的最后一级的想法，可以追溯到公元前 4 世纪的古希腊哲学家德谟克利特①。一天，他坐在台阶上，发现有些台阶磨损了。他就想磨损的部分最小的组成分子是什么：物质到底是

---

① 德谟克利特（Democritus），约公元前 460～前 370，古希腊哲学家，原子论的创始人。——译者注

不是可以分成无限小的组成部分？由于在那个时代，人们除了靠纯思维的方式以外，通常不用其他方法去解决任何问题，加以这个问题在当时也无法用实验方法去解决，德谟克利特就只好在他自己的思想深处去寻找正确的答案。经过一些复杂的哲学思考，他最后作出结论，认为物质可以无限制地分成越来越小的组成部分这件事，是'不可思议的'，因此，必须假定存在着一种'不可再分的最小粒子'。他把这种粒子命名为'原子'，你们大概已经知道，这个词在希腊文中的原意就是'不可再分的东西'。"

"我不想贬低德谟克利特在推动自然科学前进方面的巨大贡献，但是大家应该记住，当时除了德谟克利特及其追随者以外，无疑还有另一个古希腊哲学学派，这个学派的信徒坚持说，物质的分解过程可以毫无限制地一直进行下去。这样一来，不管将来精密科学会给出什么样的答案，古希腊的哲学都将在物理学史中牢牢地占有一个体面的地位。在德谟克利特那个时代和以后的许多世纪内，关于存在着这种不可再分的物质组成部分的概念，始终是一个纯粹的哲学假说，一直到了 19 世纪，科学家们才断定说，他们终于找到了 2000 多年前那位古希腊哲学家所预言的那种不可再分的物质基础。"

"事实上，英国化学家道尔顿①在 1808 年就已指出，化合物各个成分的比例……"

几乎从演讲一开始，汤普金斯先生就知道今晚来听讲座就是个错误。他每次一听讲座就想睡觉，今晚上他更是不由自主地想闭上眼睛。更糟糕的是，他正好坐在了这一排板凳的最头上，很容易就能把头靠在演讲厅的墙上。于是，汤普金斯先生半睡半醒，剩下的讲座内容完全没听清楚。

耳边传来教授讲话的模糊声音，汤普金斯先生陷入了一种飘浮在空中的愉悦感。当他睁开眼睛的时候，他惊讶地发现自己正在以一种他认为是相当

---

① 道尔顿（John Dalton），1766～1844，他对气象学、物理学和化学都有不少贡献。这里指的是他的倍比定律。——译者注

莽撞的速度在空间疾飞。环顾四周，他发现并不是只有他自己在作这种荒唐的飞行，他旁边还有许多模糊不清的人形在围绕着人群正当中一个巨大的、看来很重的物体旋转。这些奇异的人形成对地穿过空间，很快乐地沿着圆形或椭圆形的轨道互相追逐。在行进中，每一对的一个成员朝着一个方向旋转，而他的同伴则朝着相反的方向旋转。在汤普金斯先生看来，他们似乎在跳着维也纳华尔兹。汤普金斯先生突然感到非常孤独，因为他是这整群人当中唯一没有舞伴的人。

"为什么我不带慕德一块来呢？"汤普金斯先生沮丧地想道，"那我们就可以在这个舞台上共度一段美妙的时光了。"他的运动轨道是在其他人的外面，并且，尽管他非常想加入这群人，但是好像有一种奇怪的力量阻止他靠近他们。不过，当这些电子——现在汤普金斯先生认识到，他已经奇迹般地加入了一个原子的电子集团——当中的一个沿着它的扁长轨道从他身边经过时，他决定向它诉诉自己处境的苦处。

他们似乎在跳着维也纳华尔兹

"打扰一下，请问为什么其他人都有舞伴，只有我没有呢？"他从旁边大声嚷道。

"因为这是一个孤独的原子，而你是一个价电——子——"那个电子也大声喊道，因为他这时已经转身折回那跳舞的人群中去了。

"价电子得单独生活，要不然就得跳到另一个原子中去寻找伴侣。"另一个从他身边掠过的电子用很高的女高音尖叫道。

> 如果你想得到漂亮的伴侣，
>
> 你就得跳到氯原子中去寻觅。

另一个电子嘲弄地唱了两句小调。

"我猜，你是刚来这里吧，我的孩子，你非常孤独啊！"一个慈祥的声音在他头上说。汤普金斯先生抬起眼睛，看到一个穿着褐色束腰外衣的、矮胖的神父身形。

"我是泡利①神父，"神父继续说，他也沿着轨道同汤普金斯先生一起运动，"我生来的使命是密切注意原子中和其他地方的电子的道德和社会生活。我的责任就是让这些贪玩的电子，能够正常地分布在我们伟大的设计师玻尔所建立的美丽原子结构的各个量子房间当中。为了维持秩序，我从来不允许处在同一条轨道上的电子多于两个。你知道，一个 ménage à trois②总是有一大堆麻烦事。因此，电子组合的方式永远是两个'自旋'相反的电子结成一对，如果一个房间已经有一对电子居住着，就绝不容许别人闯进去。这是个很好的法则，而且我还要补充一句，从来没有一个电子破坏过我的戒律。"

---

① 泡利（Pauli），1900～1958，奥地利物理学家，他对量子力学、量子场论和基本粒子理论都有不少贡献。下面提到的是他的泡利不相容原理，他由于发现这个原理而获得 1945 年的诺贝尔物理学奖。——译者注

② 这里用的是法文，意思是"由 3 个人组成的家庭"。——译者注

"这也许确实是个很好的法则，"汤普金斯反对说，"可它目前使我感到太不方便了。"

"我明白这一点，"神父笑了，"不过，这只是你自己不走运，偏偏当上了一个孤独的原子的价电子。你现在所附属的钠原子靠它的原子核（也就是你在正当中看到的那一团黑东西）的电荷，有权在身边保持 11 个电子。不过，这对你来说是件很不幸的事，因为 11 正好是个奇数。但是当你考虑到，在所有数目当中正好有一半是奇数，另一半是偶数，你就得承认，这并不是个太不寻常的处境了。因此，既然你是后到的，你就得一个人孤独地过活，至少暂时是这样。"

"你是说，我以后还能得到旁的机会?"汤普金斯先生急切地问道，"譬如说，可以把一个老住户赶走?"

"这恰恰是你所不该做的事，"神父伸出一个指头对他摇晃着说，"不过，当然啰，永远存在着某些内圈的成员由于外来的干扰被甩出去，从而空出一个位置来的机会。但是，要是我处在你的地位，我是不太指望发生这种情况的。"

"他们说，如果我挪到氯原子中去，情况就会好一些，"汤普金斯先生说，他被泡利神父的话弄得有点泄气了，"你能告诉我该怎样做吗?"

"年轻人啊，年轻人!"神父惋惜而感慨地说，"你为什么这样坚持要找个伴侣? 你为什么无法欣赏独居生活和上天所赐给你的这种使你灵魂安宁的良机? 为什么连电子也还总是要羡慕尘世的生活呢? 不过，如果你一定想找个伴侣，我可以帮助你实现你的愿望。要是你朝我所指的方向看去，你就会看到一个氯原子正在向我们靠过来，尽管它离我们还很远，你也可以看到它有一个没有人占据的空位，你在那里肯定会大受欢迎的。那个空位在外面那组电子，即所谓'M 壳层'中。这个壳层应该由 8 个电子组成，它们结合成 4 对。但是，正像你所看到的，现在有 4 个电子朝一个方向自旋，而朝另一个方向自旋的电子却只有 3 个，还有一个位置是空的。里面的两个壳层，即所谓'K 壳层'和'L 壳层'，都已经完全被电子占满了。所以，那个原子一定很乐意你上它那儿去，把它的外壳层也填满。当两个原子靠得很近的时候，你就赶快跳过去，价电子们通常就是这样做的。这样，你大概就会得到安宁了，我的孩子！"说完这些话，这个电子神父的身形突然消失在稀薄的空气中。

氯原子中有一个没有人占据的空位

汤普金斯先生大受鼓舞，他用尽全身的力气朝着那个氯原子的轨道跳去。在他意料之外，他只轻轻一跃，便非常轻快地跳了过去，于是，他发现自己正处在氯原子 M 壳层的成员的友爱包围之中。

"你来加入我们这个集体，我太高兴了！"那个自旋方向同他相反的新伴侣喊道，同时优美地沿着轨道滑翔着，"你就做我的伴侣吧，让我们一起玩耍吧。"

他们两人优雅地沿着轨道一起滑行，汤普金斯先生觉得这确实很好玩，非常非常好玩。可是，这时有一种淡淡的烦恼侵入他的脑中，"见到慕德的时候，我怎么向她解释这一切呢？"他相当内疚地想，不过时间并不长，"她肯定不会在意的，"他断定说，"说到头来，它们只不过是些电子啊！"

"你离开的那个原子，为什么现在还不走？"他的伴侣有点不高兴地问，"莫非它还希望你再回去？"

事实上，那个失去价电子的钠原子，真的同这个氯原子粘得很紧，似乎希望汤普金斯先生回心转意，再跳回它那冷冷清清的轨道上去。

"你想得倒好！"汤普金斯先生对那个先前那么冷淡地接待他的原子皱着眉头，生气地说，"你是个又要马儿跑，又要马儿不吃草的家伙！"

"啊，它们总是这样的，"M壳层一个比较有经验的成员说，"我明白，钠原子的电子集团并不像钠原子核本身那么希望你回去。在中央的原子核与它的电子卫队之间，意见总是不一致的：原子核希望它的电荷能拉住几个电子就有几个电子，而电子本身呢，却宁愿它们的数目足够把壳层填满就行了。只有几种原子，也就是所谓稀有气体或德国化学家所说的惰性气体，它们那个起主导作用的原子核和从属于它的电子之间，愿望才完全一致。例如氦、氖和氩这类原子都完全自给自足，它们既不撵走它们的成员，也不接纳新的成员。它们在化学上是不活泼的，总是同其他一切原子保持一定距离。但是，所有其他原子中的电子集团总是准备改变成员的数目。在钠原子中，也就是在你先前那个家里，原子核靠它的电荷所能保持的电子，比使壳层达到和谐所需要的电子多一个。而在我们这个原子中，正常电子队伍的人数却不够使壳层完全达到和谐，因此，我们欢迎你来，尽管你的存在会使我们的原子核负担过重。只要你留在这里，我们这个原子就不再是中性的，它有一个多余的电荷。这样一来，你离开的那个钠原子就会由于静电引力的作用而停靠在我们旁边。有一次，我听到我们那位了不起的泡利神父说，这种接纳了外来电子或失去了电子的原子集体，被人们称为'负离子'或'正离子'。

他还常常用'分子'这个词来称呼两个或更多个靠电子结合在一起的原子所组成的集团。不管怎么说，他好像把钠原子和氯原子的这种特定的组合叫作'食盐'分子。"

"你是想对我说，你不知道食盐是什么东西吗？"汤普金斯先生说，他已经忘记他是在同谁谈话了，"那就是你吃早餐的时候撒在炒鸡蛋上面的东西呀。"

"那么，'早餐'和'炒鸡蛋'又是什么呢？"那个被引起兴趣来的电子问道。

汤普金斯先生一下子不知道说什么了，后来才认识到，试图为他的伙伴们解释人类生活中哪怕是最简单的小事，也是完全没用的。"我从它们关于价电子和满壳层的谈话中得不到更多的东西，原因也就在这里了。"他对自己说，决定好好领略一下参观这个奇异世界的乐趣，不再因为不能理解它而烦恼。但是，要甩开那个健谈的电子可不是件容易的事，它显然非常渴望把它在长期电子生活中所积累起来的知识统统倒出来。

"你可别以为，"它继续说，"原子结合成分子永远是只同一个价电子发生关系。有些原子，比方说氧吧，需要再增加两个电子才能把它的壳层填满，还有些原子甚至需要再增加 3 个或更多个电子。另一方面，在某些原子中，原子核却掌握了两个或更多个多余的电子——或者说价电子。当这样两种原子碰到一块的时候，就会有大量电子从一种原子跳到另一种原子中，把这两种原子结合起来，结果，就形成了非常复杂的分子，这类分子常常含有几千个原子。还有一种所谓'无极性分子'，这是由两个完全相同的原子所组成的分子，不过，这是一种很不愉快的局面。"

"不愉快？为什么呢？"汤普金斯先生问，他又一次感到有兴趣了。

"为了使这样两个原子维持在一起，"那个电子解释说，"要做的事情太多了。不久以前，我有一次碰巧承担了这种任务，在我留在那里的全部时间内，我连片刻的空闲都没有。为什么呢？那里根本不像我们这里，只要价电子高高兴兴地搬个家，造成原先那个原子在电荷方面的短缺，那个被抛弃的原子就自己停在旁边了。不，先生，在那里可不行！为了使两个完全相同的原子结合在一起，价电子必须不停地跳来跳去，刚从一个原子跳到另一个原子上，就得马上又跳回来。我担保，你会觉得自己就像个乒乓球那样！"

这句话使汤普金斯先生感到相当惊讶：这个电子不知道炒鸡蛋是什么东西，可是谈到乒乓球却这样顺口。不过，汤普金斯先生把这个问题放过去了。

"我永远不想再承担这种任务了！"这个懒惰的电子嘟嘟哝哝地说，它由于这个不愉快的回忆而激动得很厉害，"在现在这个地方，我感到十分舒适。"

"等一等！"他突然喊了起来，"我想，我已经看到一个还要更好的地方了。我该上那里去！再——见！"说着，它使劲一跳，朝着原子的内部猛冲过去。

朝着这个交谈者前进的方向望去，汤普金斯先生现在明白发生什么事了。大概有一个外来的高速电子出乎意料地闯入内部的电子体系，把一个内圈电子从原子的空隙撞了出去，于是，"K 壳层"现在空出了一个暖和舒适的位置。汤普金斯先生一面责备自己错过了这个进入内圈的机会，一面非常感兴趣地注视刚刚还在同他谈话的那个电子的行动。那个走运的电子越来越深地奔入原子的内部，并且有一道明亮的光伴随着它这次成功的飞行。一直到它终于抵达那内部轨道的时候，这道刺得眼睛几乎睁不开的射线才熄灭了。

"那是什么东西？"汤普金斯先生问，他的眼睛由于观看这个出人意料的现象而隐隐作痛，"为什么这一切会变得那么明亮？"

"哦，这不过是因为这种转移而发射出的 X 射线罢了，"他那个同轨道的伴侣解释说，一面笑着他的窘态，"我们当中只要有一个能够成功地深入原子的内部，多余的能量就会以射线的形式发射出来。这个走运的小伙子跳得非常远，所以它就释放出巨大的能量。不过，我们常常只能满足于比较近的跳跃，也就是跳到原子的近郊区，那时我们所发出的射线叫作'可见光'——至少泡利神父是这样称呼它的。"

"但是，这种 X 光——不管你怎么叫它吧——也是可以看见的呀，"汤普金斯先生争辩说，"我应该说，你们的用词很容易使人产生错误的印象。"

"不过，这是因为我们是电子，所以对任何一种射线都很敏感的缘故。泡利神父对我们说过，世界上有一种巨大的生物，他管他们叫作'人类'，他说，这种人类所能看到的光，能量间隔——他管这种间隔叫作波长范围——是很窄的。有一次，他还告诉我们说，有一个了不起的人——我记得他的姓名叫伦琴①——好不容易才发现了 X 射线，现在，他们主要把它用在一种叫作'医学'的事情上。"

"是的，是的。这件事我倒知道得不少。"汤普金斯先生说，他由于现在能够露一手而感到很自豪，"你愿意听我给你讲讲吗？"

"谢谢你，不用啦。"那个电子打着呵欠说，"我对它实在不感兴趣。难道你不说话就不舒服吗？来，你来追我，看看能不能把我逮住！"

接着有很长一段时间，汤普金斯先生一直享受着同其他电子一起像荡秋千一样在空间疾驰所产生的快感。后来，他突然觉得自己的头发一根根直竖起来，从前他有一次在山上碰到雷雨时，也有过类似的体验。显然，有一个强烈的电干扰正在逼近他们的原子，它破坏了电子运动的和谐，迫使电子们离开它们的正常轨道。在人类的物理学家看来，这只不过是一个紫外光波正在从这个特定的原子所处的地点经过，但对于微小的电子来说，这简直是一场可怕的电风暴了。

---

① 伦琴（Roëntgen），1845～1923，德国物理学家，X 射线的发现者，他因此而获得 1901 年第一届诺贝尔物理学奖。——译者注

"靠过来一点！"他的一个伙伴大声喊道，"要不然，你会叫光效应的作用力甩出去的！"但是，这已经太晚了，汤普金斯先生已经被攫离他的同伴，以可怕的速度往空间中直扔出去，就像有两个强有力的手指把他捏住那样干脆利落。他气也喘不过来地在空间越冲越远，匆匆地掠过各种各样不同的原子。他经过这些原子时的速度是那么快，以致很难把电子一个个分辨开来。突然，一个巨大的原子出现在他的正前方，他明白，一场碰撞是避免不了的了。

"对不起，但是，我碰上了光效应，我无法……"汤普金斯先生开始很有礼貌地说，但他的话完全淹没在一个刺耳的爆裂声中了，因为他这时面对面地撞上了一个外层电子。他们两者都脑袋朝下地掉入空间中。不过，汤普金斯先生已经在碰撞中失去他的大部分速度，现在能够比较仔细地研究他的新环境了。那些屹立在他周围的原子比他过去看到过的任何一个原子都要大得多，他可以数出它们各有 29 个电子。要是他有比较丰富的物理学知识，他就会认出它们是铜原子，但是，在这样近的距离上，这群原子作为一个整体来看一点也不像是铜。此外，它们的位置彼此靠得相当近，形成一种有规则的图案，展延到他目力所看不到的地方。不过，最使汤普金斯先生感到惊讶的，是这些原子似乎并不太注意保持电子的数额，尤其是它们的外层电子。事实上，它们的外层轨道大部分是空的，但却有一群群自由自在的电子在空间中懒洋洋地挪动着，时不时在这个原子或那个原子的外围停一停，但停留的时间总是不太长久。汤普金斯先生经过在空间中那番要命的飞行，已经疲惫不堪，所以，他首先想在铜原子中找一个稳固的轨道稍事休息。然而，他很快就受到那群电子普遍的懒散情绪的影响，并同其他电子一起做这种漫无目标的运动。

"这里的事情组织得可不好啦，"他自言自语地评论说，"不爱工作的电子实在太多了，我想，泡利神父应该想办法解决一下。"

"为什么我该想办法？"神父那熟悉的声音说道——他突然从什么地方出现了，"这些电子并没有违背我的戒律，不仅如此，它们现在确实正在完成一种非常有用的任务哩。你可能还不知道，如果所有原子都像某些原子那样，十分热衷于保持它们的电子，那就不会有导电性这类东西了。那样一来，连你家里的电铃也响不了，更不用提电灯和计算机了。"

"啊，你是说，这些电子负载着电流？"汤普金斯先生问道，他抓住一线希望，希望谈话能转到他多少比较熟悉的话题上去，"但是，我看不到它们在向任何特定的方向运动啊。"

"首先，我的孩子，"神父严肃地说，"你不该用'它们'这个词，而应该说'我们'。你似乎忘记了你自己是一个电子，也忘记了当有人按那个同这根铜线接在一起的按钮时，电的压力就使你和所有其他导电电子一块赶去呼喊女仆或做别的需要做的事了。"

"可我并不想这样做啊，"汤普金斯先生固执地说，声音里带着急躁的口气，"事实上，我已经不耐烦再当电子了，我不认为这有多少乐趣。什么样的生活呀，永远永远要承担这么些电子的责任！"

"倒不一定是永远，"泡利神父反对说，他肯定并不喜欢为那些平凡的电子辩护，"你总是会有机会发生湮没，从而失去你的存在的。"

"发——生——湮没？"汤普金斯先生重复了一遍，感到有一股寒流在他脊梁上来回跑动，"但是，我总认为电子是永存不灭的。"

"这是物理学家们直到不久以前还一直相信的事，"泡利神父赞同地说，他对他的话所产生的效果感到很有趣，"可是，这并不完全正确。电子也像人一样，可以有生有死。当然，这里没有生病衰老那样的事；电子的死亡只有通过碰撞才能达到。"

"可是，我在不久以前才碰撞过呢，那可真是糟糕透了，"汤普金斯先生恢复了信心说，"要是那次碰撞都没有把我报销掉，那么，我就想象不出有什么碰撞能够产生湮没。"

"问题不在于你碰撞的力量有多大，"泡利神父纠正他说，"而在于碰撞的对方是谁。在你最近那次碰撞中，你大概是撞上了另一个同你一模一样的负电子，在这样的碰撞中，是一点危险也没有的。事实上，你们可以像一对公羊那样互相顶触而不造成任何伤害。但是，还有另一种电子——正电子，它一直到不久以前才为物理学家所发现。这些正电子的行径完全同你一样，唯一的差别在于它们的电荷是正的，而不是负的。当你看到一个这样的伙伴向你靠过来的时候，你会认为它只不过是你这个部族中的一个无害的成员，并且迎过去问候它。但是，这时你会突然发现，他不像任何正常的电子那样，轻轻把你推开以避免碰撞，而是一个劲地把你拉过去。于是，你不管想做什么都来不及了。"

"为什么？"汤普金斯先生问道，"那时会发生什么事呢？"

"它会把你吃掉，把你消灭掉。"

"多么可怕啊！"汤普金斯先生喊道，"一个正电子能吃掉多少个可怜的普通电子呢？"

"幸而只能吃掉一个，因为在毁灭掉一个电子的时候，那个正电子自己也毁灭了。你可以把正电子描绘成自杀俱乐部的成员在寻找互相湮没的对手。它们自己并不互相伤害，但是，一旦有一个负电子碰上了它们，这个负电子就没有多少幸存的机会了。"

"我侥幸还没有碰上过这样的怪物，"汤普金斯先生说，这些描述给他留下了很深的印象，"我希望它们的数量并不太多。它们数量多吗？"

"不，并不多。原因很简单：它们总是在自找麻烦，所以，它们生下来以后很快就消失了。要是你稍微等一等，我也许能够指出一个正电子给你看看。"

"好了，这里就有一个，"泡利神父在短暂的沉默以后继续说，"如果你细心地观看那边的重原子核，你就会看到一个这样的正电子正在诞生。"

神父的手所指的那个原子，显然由于某种强大的辐射从外界射到它上面，而受到强烈的电磁干扰。与把汤普金斯先生扔出氯原子的射线相比，这种电磁干扰要厉害得多，因此，围绕那个原子核的电子家族正在瓦解，像台风中的树叶那样被吹向四面八方。

"你好好注意那个原子核。"泡利神父说。于是，汤普金斯先生聚精会神地瞧着，他看到一种最不寻常的现象正在那个被破坏了的原子的深处发生。在内部电子壳层的里边非常靠近原子核的地方，两个模模糊糊的阴影正在逐渐成形，一秒钟以后，汤普金斯先生看到两个崭新的、闪闪发光的电子以极快的速度从它们的出生处彼此飞开。

"但是，我看到的是两个呀。"汤普金斯先生说。他被这种景象迷住了。

"这是对的，"泡利神父同意说，"电子总是成对地诞生的，要不然，就会同电荷守恒定律相矛盾了。原子核在强γ射线作用下所产生的两个粒子，有一个是普通的负电子，另一个是正电子，也就是那种凶手。它现在就要去寻找牺牲者了。"

"得，既然每生下一个注定要毁灭掉一个电子的正电子，就同时也生下另一个普通电子，那么，情形就不是那么糟了，"汤普金斯先生颇有创见地评论说，"至少，这不会导致电子部族的灭绝了，我……"

"当心！"神父打断了他的话，从旁边猛推他一下，这时那个新生的正电子正从旁边呼啸而过，并且马上撞上另一个电子。于是，那里发出了两束耀眼的闪光，然后就什么也没有了。

"我想，你现在已经看到结果了。"神父微笑着说。

汤普金斯先生很欣慰自己没有被那个正电子凶手消灭掉，但这种欣慰并没有持续多久。他还没有来得及感谢泡利刚才迅速作出判断拯救了他，就突然觉得自己被拉住了。他和所有其他正在闲荡的电子全都被迫参加一种行动——朝着同一个方向平行前进。

"嗨，现在又是怎么回事？"他喊了起来。

"肯定是有人按了电灯的开关啦。现在你们正在通往电灯灯丝的道路上。"神父回答道，现在他正在迅速地离汤普金斯先生远去，"很高兴同你闲聊。再见！"

最初，这次旅行似乎十分轻松愉快，好像是乘车在机场的跑道上慢慢行驶一样。汤普金斯先生和别的无拘无束的电子都慢吞吞地穿过那里的原子点阵。他很想同身旁的电子聊聊天。

"这次旅行很轻松，不是吗？"他说。

那个电子带着威胁的神情瞧了他一眼，"你显然是新参加这股电流的。等着吧，我们马上就快要难受了。"

汤普金斯先生不明白这是什么意思，但却不喜欢再打听下去。突然，他们正在通过的那条过道变得窄起来，现在电子们全都挤压在一起。周围变得越来越热，越来越亮。

"你可要撑住啊！"他的同伴嘟哝着说，她正从旁边往他身上挤过来。

汤普金斯先生醒了，他发现演讲厅里坐在他隔壁的那位女士也睡着了，并且从旁边朝着他靠过来，把他一直挤到墙上。

# $11\frac{1}{2}$　上一次演讲中汤普金斯先生因为睡着而没有听到的那部分

事实上，英国化学家道尔顿还在 1808 年就已指出，形成各种比较复杂的化合物所需要的各种化学元素的数量比，总是可以用几个整数之比来表示的[①]。他在解释这个经验定律时，把它的原因归结为：所有各种化合物都是由一个个代表不同简单化学元素的粒子构成的，只是粒子的数量各不相同而已。中世纪的炼金术士不能够把一种化学元素转变成另一种化学元素，这个事实证明了，这些粒子显然是不可分割的，所以，人们就给它们起了一个古老的希腊名称"原子"——即"不可再分的东西"。这个名称一经定出，就一直沿用下来了。尽管我们现在已经知道，这种"道尔顿的原子"根本不是不可再分，它们事实上是由大量比它们更小的粒子构成的，但是，我们却对这个名称在哲学上的不一致性，采取睁一只眼、闭一只眼的态度。

可见，被现代物理学家称为"原子"的那种实体，根本不是德谟克利特原来所想象的那种基本的、不可再分的物质结构单元，要是用"原"来形容那些更小的、构成"道尔顿的原子"的粒子，例如电子和夸克，实际上更准确一些。但是，把名称变来变去会产生太多的混乱，因此，在物理学界便没有一个人去为这种哲学上的不一致性操心了！这样，我们仍然用"原子"这

---

① 这就是化学中的倍比定律。——译者注

个古老的名称来称呼道尔顿所说的那些粒子,而把电子、夸克等等统称为"基本粒子"。

基本粒子这个名称当然意味着,我们目前认为这些更小的粒子确实就是德谟克利特所说的那种基本的、不可再分的粒子,因此,你们可能要问我,历史是不是真的不会重演?在科学进一步发展以后,这些基本粒子真的不会被证明是一些十分复杂的东西吗?我的回答是,尽管谁也不能绝对保证这种事情不会发生,但是,有充分理由认为,这一次我们是正确的。

事实上,一共有 92 种①不同的原子(同 92 种不同的化学元素相对应),并且每一种原子都具有相当复杂的、各不相同的特性。这本身可能意味着它们的复杂结构是建立在一些更为基础的结构之上的。

现在我们可以转而谈谈道尔顿的原子是怎样由基本粒子构成的问题了。这个问题的第一个正确的答案是著名的英国物理学家卢瑟福②在 1911 年给出的,他当时正在用放射性元素在嬗变过程中发射出的快速微型子弹——即所谓 $\alpha$ 粒子——去轰击各种原子,借以研究原子的结构。卢瑟福在观察这些子弹通过一块物质后所发生的偏转(即散射)时发现,虽然大多数子弹都能以非常小的角度偏转,但少数子弹却以极大的角度反弹回去。这大概是因为它们在原子里撞上了某种非常小但却非常密实的靶心。因此他得出一个结论说,所有原子都必定具有一个非常密实的、带正电的核心(原子核),它周围是一片相当稀薄的负电荷云(原子大气)。

我们今天知道,原子核是由一定数量的质子和中子(它们统称为核子)构成的,它们靠一种很强的内聚力紧密地维系在一起;我们还知道,原子大气是由不同数量的负电子构成的,这些负电子在原子核正电荷静电引力的作

---

① 这里指的是天然存在的元素,不包括超铀元素在内。如包括后者,至 1998 年已发现的共有 109 种。——译者注

② 卢瑟福(Ernest Rutherford),1871~1937,在放射性物质方面,他有许多发现。他对物理学的最重要的贡献,是他提出了原子由原子核和周围电子构成的理论,他因此获得 1908 年的诺贝尔化学奖。——译者注

用下，围绕着原子核转动。形成原子大气的电子的数量决定着原子的一切物理性质和化学性质，这个数目按化学元素的天然排列次序从 1（属于氢）一直增大到 92（属于已知的最重的元素——铀）。

　　尽管卢瑟福的原子模型非常简单，但是，要想详尽地理解它，却绝不是一件简单的事。事实上，古典物理学认为，带负电的电子在围绕原子核旋转时，必定会通过辐射（即发射出光）过程而失去它的动能，并且人们已经计算出，由于电子不断失去它的能量，组成原子大气的所有电子远远不到一秒钟，就会落到原子核上而发生坍缩。不过，古典物理学这个似乎十分正确的结论却同经验事实非常尖锐地对立着，因为原子大气恰好同这个结论相反，是非常稳定的；原子中的电子不但不落到原子核上，而且无限长期地持续围绕着中心体转动。这样，我们就看到了，在古典力学的基本概念以及同原子世界细小的结构单元的力学行为相符的经验数据之间，存在着根深蒂固的矛盾。这个事实使著名的丹麦物理学家玻尔认识到，从现在起，我们必须把几世纪以来在自然科学体系中占有自命可靠的特权地位的古典力学，看作是一个应用范围颇为有限的理论，它适用于我们日常接触的宏观世界，但是，一旦把它用于各种原子更为细微的运动时，它就完全无能为力了。玻尔认为，为了试验性地建立一门新的、更广泛的力学，使它也能适用于原子机器中那些细微部件的运动，不妨假设在古典理论所考虑的所有无限多种运动类型当中，只有少数几种特定的类型才可能在自然界中实现。这些许可的运动类型（轨道），应该根据一定的数学条件，即根据玻尔理论中的所谓量子条件来选择。在这里，我不想详细地讨论这些量子条件，而只想指出，这些条件的选法，使得它们所施加的一切限制，在运动粒子的质量比我们在原子结构中所碰到的质量大得多的所有场合下，实际上是没有意义的。这样一来，这种新的微观力学在应用到宏观物体上时所得到的结果，便完全和旧的古典理论相同了（这就是对应原理）。只有在细微的原子机器中，这两种理论的分歧才具有重大的意义。由于我们不想更深入地讨论细节，这里我只想借用玻尔所画的原子中的量子轨道图，让大家知道从玻尔理论的角度来看，原子的结构是什么样子（请看图）。在这张图上，大家可以看到一系列圆形和椭圆形的轨道（它们的尺寸当然是大大放大了的），这些轨道代表构成原子大气的电子经过玻尔的量子条件"许可的"运动类型。古典力学允许电子在任何距离上围绕原子核运动，对于电子轨道的偏心率（即扁长度）也不施加任何限制，而玻尔理论的特定轨道则是一组分立的轨道，它们在各个方向上的特定大小全部是严格规定的。图上在每一个轨道旁边注出的数字和外文字母，代表那个轨道在一般分类法中的名称；你们可以注意到，比较大的数字对应于直径比较大的轨道。

尽管玻尔的原子结构理论在解释原子和分子的各种性质方面已经被证明是极有成效的，但是，关于量子轨道彼此分立这个基本概念却一直相当不清楚，我们越想深入分析古典理论所受到的这种不寻常的限制，整个图像就变得越不清楚。

最后，人们终于弄清，玻尔的理论之所以不十分成功，是由于它没有用某种根本的方法来改造古典力学，而仅仅是用一些附加条件去限制古典力学所得出的结果，而这些条件对于古典理论的整个结构又基本上是不相容的。这个问题的正确答案一直到 13 年以后，才以所谓"波动力学"的形式出现，这个理论根据新的量子原理，修改了古典力学的整个基础。因此，尽管乍一看来，波动力学的体系似乎比玻尔的旧理论还要古怪，但这种新的微观力学却成为今天理论物理学中的一个最合乎逻辑、最容易为人们所接受的组成部分。我在上一次讲座中已经详细讲解了这种新力学的基本原理，特别是"测不准性"和"弥散轨道"等概念，这里我就不再重复了。现在我们来仔细看一下如何用这些理论来解释原子结构的问题。

只有少数几种特定的类型才可能实现

　　在我现在挂出的这幅图上（请看下图），你们可以看到，波动力学理论是怎样从"弥散轨道"的观点出发去设想电子在原子中的运动的。这幅图所表示的正好是上一幅图用古典方法表示出的那些运动类型（不过，由于技术上的原因，现在把每一种运动类型分开画成一个小图），但是，我们现在所看到的不是玻尔理论那种轮廓清楚的轨道，而是一些同基本的测不准原理相一致的模模糊糊的图形。现在标注在这些不同运动状态旁边的记号和上一幅图中的记号相同，把这两幅图比较一下，并且只要稍稍运用你们的想象力，你们就会发现，我们这些云雾状的图案相当忠实地摹写了旧的玻尔轨道的一般特点。

这些图十分清楚地表明，在量子起作用的场合下，古典力学那些美妙的旧式轨道会发生什么样的变化，尽管有些门外汉会把这种图景看作是荒唐的梦想，但那些研究原子的微观世界的科学家，却能够毫无困难地采纳它。

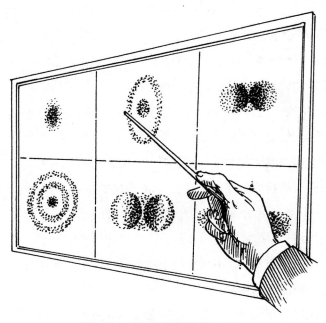

我们现在有一些模模糊糊的图形

关于原子的电子大气可能的运动状态，我们就讲到这里。接下来我们来看另一个重要的问题：原子中的电子在各个不同的可能运动状态中是怎样分布的？这里，我们又一次接触到一个新的原理——一个我们在宏观世界中非常不熟悉的原理。这个原理是泡利最先提出的，它规定：在任何一个原子的电子集体中，不能够有两个电子同时具有相同的运动状态。在古典力学中，这个限制是没有多大意义的，因为在古典力学中有无限多种可能的运动状态。但是，既然量子规律已经大大缩减了"许可的"运动状态的数目，泡利原理在微观世界中就起着非常重要的作用了：它保证电子或多或少均匀地分布在原子核周围，不容许它们拥挤在某个特定的点上。

不过，你们千万不要从上面所说的这个新原理出发作出结论说，在图上表示出的每一个弥散的量子运动状态，只能够被一个电子所"占据"。事实上，每一个电子除了沿着它的轨道围绕原子核运动以外，还要绕着它自己的轴自转（自旋），就像地球除了绕太阳作轨道运动外，还要绕着南北极轴自转那样。因此，如果两个电子自旋的方向不同，那么，它们沿着同一个轨道围绕原子核运动，就根本不会让泡利博士感到为难了。目前对电子自旋的研究表明，电子围绕自己的轴旋转的速度永远是相同的，并且，电子自旋轴的方向必定永远与轨道平面相垂直。这样，电子就只能够有两个不同的自旋方向，我们可以用"顺时针方向"和"逆时针方向"来代表它们。

这样一来，泡利原理在用于原子的量子态时，可以改变成下面的说法："占据"每一个量子运动状态的电子不能多于两个，并且，这两个电子的自旋方向必须相反。因此，当我们沿着元素的天然序列向电子数越来越多的原子推进时，我们就会发现，不同的量子运动状态一个个被电子逐步充填，原子的直径也不断随之增大。

在这方面还必须指出，从电子结合强度的角度来看，原子中电子的不同量子态可以结合成大致相同的几组分立的量子态（或者称为电子壳层）。当顺着元素的天然序列推进时，这些量子态总是一组充填满以后，才接着充填

# $11\frac{1}{2}$　上一次演讲中汤普金斯先生因为睡着而没有听到的那部分

另一组，并且，由于电子顺序充填各个电子壳层的结果，各种原子的性质也周期性地改变。这就解释了俄国化学家门捷列夫靠经验发现的元素周期性，这种周期性现在大家都非常熟悉了。

# 12　在原子核内部

汤普金斯先生参加的下一个演讲会，是专门介绍原子核的内部结构的。现在教授开始演讲了。

女士们、先生们：

人类不断地深入探索物质的内部结构，现在我们应该用智力上的眼睛尝试深入观察原子核的内部。原子核的内部是只占原子本身总体积几亿分之一的神秘区域；尽管这个新的研究领域的尺寸小得难以置信，但我们将发现，它活动非常活跃。事实上，原子核毕竟是原子的心脏，虽然它的体积只占原子总体积的 $10^{-15}$，但它却大约占原子总质量的 99.97%。

在从原子那个密度稀薄的电子云进入原子核区域时，我们马上会因为其中粒子极端拥挤的状态而感到惊奇。平均说来，在原子大气中，电子的活动范围比它自己的直径大几十万倍，而居住在原子核内部的粒子，却确实是一个紧挨着一个地挤在一起，把原子核挤得满满的，只能勉强地移动。从这个意义上说，原子核内部的景象与一般液体很相似，不过我们现在所碰到的不是分子，而是比分子小得多的粒子，即所谓质子和中子。在这里应该指出，质子和中子尽管名称不一样，但人们现在却把它们看作是同一种重基本粒子——所谓"核子"——的两种不同的带电状态。质子是带正电的核子，中子是电中性的核子。至于说到核子的几何大小，那么，它们同电子并没有多大差别，直径约为 $10^{-12}$ 厘米。不过，核子比电子重得多，要用 1840 个电子放在天平的一端，才能同放在另一端的一个质子（或中子）相平衡。我已经说过，构成原子核的粒子彼此挤得非常紧，这是由某种特殊的原子核内聚力（强核力）的作用决定的。这种力同作用于液体分子之间的力很相似，并且就像液体的情形那样，尽管这种力能够防止各个粒子完全分离开，却并不妨碍各个粒子发生相对位移。这样一来，原子核物质就具有某种程度的流体的性质，它在不受任何外力的干扰时，总是像普通的水滴那样呈球形。在我现在拿出的这张示意图上，你们可以看到由质子和中子构成的几种不同的原子核。最简单的一种是氢的原子核，它只含有一个质子，而最复杂的铀原子核却含有 92 个质子和 142 个中子。当然，你们应该把这些图形看作是真实情况的高度公式化的示意图，因为根据量子论那个最基本的测不准原理，每一个核子的位置实际上都"弥散"到整个原子核区域。

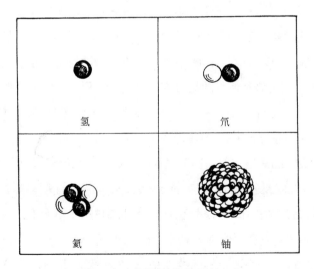

氢、氘、氦和铀的原子核

我已经说过，构成原子核的各个粒子是由很强的内聚力维持在一起的，但是，除了这种引力以外，在原子核内还存在着另一种作用方向与它相反的力。事实上，大约占原子核成员总数的一半的质子是带正电的，它们会由于库仑静电力的作用而互相排斥。对于比较轻的原子核来说，由于其中的电荷比较少，这种库仑斥力是无足轻重的，但是，在原子核比较重、电荷很多的场合下，库仑斥力就会同强核引力激烈地竞争。核力是短程力，只在相邻的核子之间起作用，而静电力却是长程力。这就意味着，处在原子核外围的质子只受到紧邻的核子的吸引，但是却受到原子核内所有其他质子的排斥。当原子核内的质子增多时，斥力会变得越来越强，而引力并不随之增大。因此，当质子超过一定的数量时，原子核就不再是稳定的，它倾向于把它的某些组成部分驱逐出去。这就是许多处在周期表末尾的元素，即所谓"放射性元素"身上所发生的情形。

你们可能会从上面的叙述得出结论说，这些不稳定的重原子核会把质子发射出去，因为中子不带任何电荷，所以，它们不是库仑斥力所要排斥的对象。但是，实验告诉我们，实际上被发射出的粒子是所谓"α粒子"（氦的原子核），这是由两个质子和两个中子构成的一种复合粒子。这个事实应该用原子核各个组成部分特殊的结合方式来解释。原来，由两个质子和两个中子结合成α粒子这样的组合特别稳定，因此，一下子把这整个粒子团抛出，要比把它分裂成质子和中子容易得多。

你们大概已经知道，放射性衰变现象是法国物理学家贝克勒尔[①]最先发现的；而把它解释成原子核自发嬗变的结果的，则是著名的英国物理学家卢瑟福。关于卢瑟福，我过去在谈到别的问题时已经提到过了，由于他在原子核物理学中有过许多重要的发现，他对科学所做的贡献是很大的。

α衰变过程的一个最重要的特点是：α粒子要找到离开原子核的"门路"，往往需要极长的时间。对于铀和钍，这个时间大约是几十亿年，对于镭，它

---

[①] 贝克勒尔（Henri Becquerel），1852～1908，他由于研究荧光现象而发现铀的放射性，并因此获得1903年的诺贝尔物理学奖。——译者注

大约是 16 个世纪。此外，尽管有些元素只要几分之一秒就发生衰变，但是，它们的整个寿命同原子核内部运动的速度比较起来，仍然可以认为是非常之长的。

那么,是什么力量使 $\alpha$ 粒子有时在原子核内停留几十亿年之久呢？再说，既然它已经停留这么久了，为什么它最后又会发射出来呢？

为了回答这个问题，我们必须先简单地谈谈内聚引力和作用于粒子、使它们脱离原子核的静电斥力的相对强度。卢瑟福曾经利用所谓"轰击原子"的方法，对这两种力作了细致的实验研究。卢瑟福在卡文迪许实验室做过一个著名的实验，他让一束从某种放射性物质发射出的快速运动的 $\alpha$ 粒子射到物质上，并观察这些原子炮弹由于碰撞到物质的原子核而发生的偏转（散射）。这种实验证明了这样一个事实：当这些炮弹离原子核比较远时，它们受到核电荷的长程静电斥力的强烈排斥，但是，如果它们能够射到非常靠近原子核区域的外界，这种斥力就会被强烈的引力所取代。可以说，原子核有点像一个四周有又高又陡的围墙的堡垒，它的围墙既不让粒子从外部进入，也不让粒子从里面逸出。但是，卢瑟福实验最令人惊讶的结果也就在于：不管是在放射性衰变过程中发射出的 $\alpha$ 粒子，还是从外部射入原子核的炮弹，它们实际拥有的能量都太小了，不足以从围墙——即我们物理学家常说的"势垒"——上面越过。这是一个同古典力学的全部概念完全相矛盾的事实。真的，要是滚一个皮球所用的能量远远小于它达到山顶所需的能量，你怎能期望它越过山顶滚过去呢？在这种情况下，古典力学只好瞪大眼睛，假定卢瑟福的实验肯定有某种错误了。

其实，这里并没有任何错误。如果说这里有什么错误的话，那么，犯错误的绝不是卢瑟福，而恰恰是古典力学自己。这种局面已经由伽莫夫、格尼和康登[①]同时澄清了，他们指出，只要从量子论的观点来考虑这个问题，就不会产生任何疑难了。事实上，我们已经知道，今天的量子物理学并不承认古典理论那种非常确定的、呈曲线状的轨道，而用幽灵般模糊的径迹来代替它们。并且，正像古老传说中的幽灵能够毫无困难地穿过古城堡厚厚的石墙一样，这种幽灵般的轨道也能够穿透那种从古典观点看来完全无法穿透的势垒。

请大家不要以为我是在开玩笑。势垒被能量不够大的粒子所穿透的可能性，确实是新的量子力学的基本方程直接给出的数学结果，它代表新、旧运动概念之间的一个最重大的差异。不过，新的力学虽然容许出现这种不寻常的效应，但需要加上严格的限制条件：在绝大多数场合下，穿过势垒的机会都极其微小，被禁闭的粒子肯定要往墙上撞许许多多次（次数多到无法置信），最后才能够获得成功。量子论为我们提供了一些计算这种逃逸概率的精确公式，现在事实已经证明，我们所观察到的 $\alpha$ 衰变的周期是同这种理论预测完全相符的。即使是对于那些从外部射入原子核的炮弹来说，量子力学的计算结果也同实验结果非常一致。

在进一步深入讨论之前，我想先让大家看几张照片，它们显示了几种被高能原子炮弹击中的原子核的衰变过程。

第一张是旧的云室照片。我应该说明一下，由于这些亚原子粒子非常非常之小，人们是不能够直接看到它们的，即使是用倍数最大的显微镜也不行。所以，你们一定想不到我能为大家提供它们的真实照片了吧。可是情况并不如此，我们只要利用一些巧妙的方法，就可以做到这一点。

请大家设想一架高速飞行的飞机所留下的蒸汽尾迹吧！那架飞机本身可能飞得非常快，因而很难看到它，事实上，当你想看它的时候，它可能已经

---

① 格尼（Gurney）和康登（Condon），美国物理学家，他们最先指出，$\alpha$ 衰变可以用隧道效应来解释。——译者注

不在那里了。但是，我们却可以从它留在身后的蒸汽尾迹知道它的行踪。威尔孙就是用这种简单的方法把亚原子粒子变成"可见的"。他制造了一个含有气体和水蒸气的观察室，然后利用一个活塞，使气体突然发生膨胀。这会使室内的温度立即降低，从而使蒸汽处于过饱和状态。这样的蒸汽全都倾向于形成云。但是，云是不会无缘无故就开始形成的，必须有一些中心使蒸汽可以附着在上面凝结成小水滴，否则，一个水滴就不会开始在某个地方（而不在另一个地方）产生了。在云的形成过程中，通常情况下，大气中存在的尘埃粒子会变成蒸汽优先选择的中心，蒸汽可以附着在上面开始凝结。不过，威尔孙云室的巧妙之处却在于他把一切尘埃都清除干净。那么，小水滴会在什么地方形成呢？原来当时已经发现，当带电粒子通过媒质运动时，它会使它路上的原子发生电离（也就是说，会从那些原子中击出一些电子）。这些电离了的原子便是很好的冷凝中心，依靠它们可以形成越来越大的水滴。因此，在云室中，只要有带电粒子在其中穿过（同时在其身后留下一串电离了的原子），就会形成一串小水滴，这些小水滴在几分之一秒内就长得很大，使人们可以看到它们，并对它们进行摄影。我现在挂出的这张图，就是这种情况下拍摄的照片。大家可以看到，从图的左边开始出现许多串小水滴，每一串都是从图中没有示出的强 α 射线源发出的一个 α 粒子造成的。这些 α 粒子大多没有经过任何严重的碰撞就穿过我们的视场，但是其中有一个（就是刚刚低于图的中线的那一串）正好击中了一个氮原子核。那个 α 粒子的径迹终止在碰撞点上，大家可以看到，就从这个点上出现了另外两个径迹：朝左上方飞去的那条较细的长径迹是从氮原子核中击出的一个质子留下的，而那条较粗的短径迹则代表原子核自身的反冲。不过，现在它已经不再是氮原子核了，因为氮原子核在失去一个质子和吸收入射的 α 粒子以后，已经转变成氧原子核了。这样一来，我们现在已经用"炼金术"把氮转变成氧和副产品氢。我之所以让大家看这张照片，是因为它是有史以来拍摄到的第一张使元素发生人为转变的照片，它是卢瑟福的学生布莱克特①拍到的。

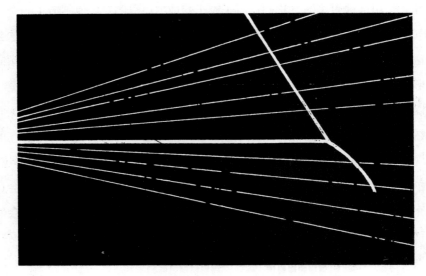

这里形成了许多串小水滴

　　这张照片所表明的核嬗变，是今天实验物理学所研究的几百种核嬗变当中的最具代表性的例子。在所有这类被称为"置换核反应"的核嬗变中，都有一个入射粒子（质子、中子或 α 粒子）进入原子核，把另一个粒子打出去，它自己则置换了这个粒子。我们可以用 α 粒子置换质子，可以用质子置换 α 粒子，也可以用中子置换质子，等等。在所有这些嬗变中，反应过程中产生的新元素在周期表上都是那个被轰击元素的近邻。

　　直到第二次世界大战前夕，德国化学家哈恩②和斯特拉斯曼才发现了一种完全新型的原子核变化，在这种变化中，一个重的原子核分裂成两个大致相等的部分，同时释放出极其大量的能量。在下一张挂图中，你们可以看

──────────

　　① 布莱克特（Blackett），1897~1974，英国物理学家，他由于研究宇宙线而获得 1948 年的诺贝尔物理学奖。——译者注
　　② 哈恩（Hahn），1879~1968，他由于发现铀原子的裂变而获得 1944 年的诺贝尔化学奖。——译者注

到铀原子核两块碎片从一张很薄的铀箔向彼此相反的方向飞出。这种现象被称为"核裂变反应"，最初是在用中子束轰击铀的场合下发现的，但是，人们很快就查明，靠近周期表末尾的其他元素也具有类似的性质。看来，这些重原子核确实已经处在稳定性的边缘，所以，尽管中子的撞击只提供很小的刺激，却已足以使它们一分为二、像一滴太大的水银那样分成较小的液滴了。重原子核具有这种不稳定性的事实，使人们想到应该怎样解释为什么自然界中只有 92 种元素的问题。事实上，任何一种比铀更重的元素都无法存在很久，它们会立即自发地分裂成许多小得多的碎片，而且不需要任何外来的刺激。

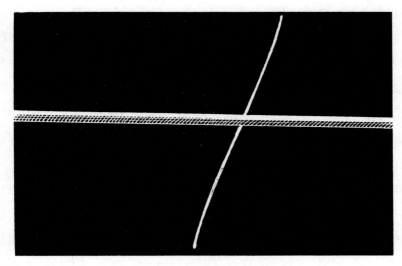

这种现象被称为"核裂变反应"

从实用的观点看，核裂变现象是很有意义的，它可能成为核能源：当重核分裂时，它们会以辐射和快速运动粒子的形式发射出能量。在被发射出的粒子当中，有一些是中子。它们可以进一步引起邻近原子核的裂变，而后者又能够导致更多中子的发射，产生更多次的裂变，也就是发生所谓的链式反应。只要铀原料足够多（我们称之为临界质量），被发射出的中子便有足够高的概率去击中其他原子核，并引起下一轮的裂变，从而使裂变过程自动持续下去。事实上，这可能演变成一种爆炸性的反应，在几分之一秒的时间内就把贮藏在那些原子核里的能量统统释放出来。第一批原子弹就是依据这一原理研制的。

但是，链式反应并不一定会导致一场爆炸。在严格控制的条件下，这种过程也可以有节制地持续进行下去，同时稳定地释放出一定数量的能量。这正是核电站里发生的情形。

像铀这类重元素的核裂变，并不是开发原子核能的唯一途径。在利用原子核能方面，还有一种完全不同的办法。那就是把最轻的元素（如氢）合成比较重的元素。这种过程称为核聚变反应。

当两个氢原子核相接触时，它们会像小盘上的两小滴水银一样，聚合在一起。这种情形只有在非常高的温度下才能够发生，要不然，静电斥力就不允许互相靠近的氢原子核彼此发生接触。但是，当温度达到几千万摄氏度时，静电斥力已不再能阻碍氢原子核互相接触，于是，聚变过程就开始了。最适合于聚变反应的原子核是氘核，这就是重氢的原子核。重氢是很容易从海水中提取的。

现在也许大家会觉得奇怪：为什么聚变和裂变都能够释放出能量呢？要点在于，中子和质子的某几种组合要比其他组合束缚得更牢固一些。当从束缚得较松散的组合变成核子束缚得更有效的组合时，就有一些多余的能量可以释放出来。原来，重的铀原子核是束缚得相当松散的，所以它能够通过分裂成较小的群组而转变成若干个更牢固的组合。而在周期表的另一端（轻元素的那一端），却是核子的较重的组合，束缚得比较牢固。例如，由两个质子和两个中子组成的氦原子核就束缚得异常牢固。因此，如果能设法迫使几个分开的核子或氘核发生碰撞而结合成氦时，就会有一些能量可以释放出来。

氢弹就是根据这个原理制成的。在氢弹爆炸时，氢通过包括聚变在内的一些反应转变成氦，这时所释放出的能量要多得多，因此，氢弹的威力也要比靠裂变造出的第一代核武器大得多。遗憾的是，科学家们已经证明，要想和平使用氢弹的威力，其困难也要大得多——在建成利用聚变能量的民用核电站以前，还有很长的路要走！

　　不过，太阳却毫无困难地做到了这一点。氢连续不断地转变成氦是太阳的主要能源。过去，太阳已经成功地以稳定的速率把这种反应维持了 50 亿年，将来还能再维持 50 亿年。

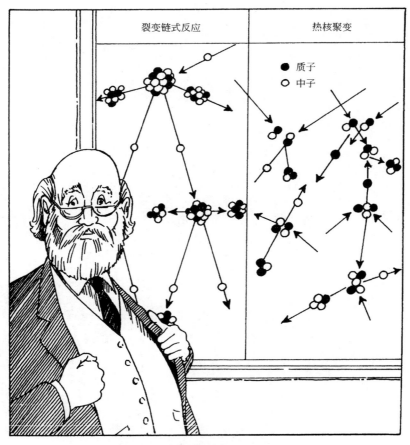

聚变和裂变都能够释放出能量

　　在质量比太阳更大的恒星上，由于其内部温度更高，会发生更多的聚变反应，这些反应把氦转变成碳，把碳转变成氧，等等，直到变成铁元素为止。到了铁以后，从聚变反应就得不到什么可用的能量了（因为在中等质量的元素里，核子的束缚比较牢固）。因此，要想得到有用的能量，就只好指望相反的过程——像铀这类重原子核的裂变了。

# 13　老　木　雕　匠

　　那天晚上，汤普金斯先生听完演讲回到家里，发现慕德已经上床睡着了。他给自己冲了一杯热的巧克力，在她身旁坐下，回想着那篇演讲的内容。他特别想起同原子弹有关的那部分。核毁灭的威胁一直使他感到十分不安。

　　"这种事可不能发生，"他默默地想着，"我可得当心，要不，我一定会做噩梦的。"

　　他放下喝空的杯子，关了灯，挨着慕德躺下。很幸运，他的梦并不全都是不愉快的……

　　汤普金斯先生发现自己在一个作坊里。作坊的一侧有一张长长的木质工作台，上面摆着些简单的木匠工具。在那靠在墙边的老式橱架上，他发现大量各种各样奇形怪状的木雕品。一个看来挺和善的老头正在工作台边干活，汤普金斯先生更仔细地观察他的相貌以后，觉得这个老头既像迪士尼的《匹诺曹》中那个格佩托老头，又像教授实验室的墙上挂着的那幅已故的卢瑟福的照片。

　　"请原谅我的打扰，"汤普金斯先生冒昧地说，"我注意到，你长得很像卢瑟福爵士——就是那位核物理学家。你们是不是碰巧有什么亲戚关系呢？"

　　"你为什么问这个？"老头说，他把他正在雕刻的那块木头放在一边，"你是不是想说，你对核物理学很感兴趣？"

"事实上，正是这样。"汤普金斯先生回答道，然后又谦虚地补充了一句，"我不是专家，我还是快点说……"

"那么，你来的正是地方。我正好在这里制造各种原子核，我很乐意让你看看我这个小作坊。"

"你说你在制造原子核？"汤普金斯先生相当惊讶地说。

"正是这样。自然，这需要有一些技巧，特别是制造放射性原子核时，因为很可能你还没来得及给它们涂上颜色，它们就已经分裂开了。"

"给它们涂上颜色？"

"是的，我给带正电的粒子涂上红色，给带负电的粒子涂上青色。你大概已经知道，红色和青色是所谓'补色'，如果把这两种颜色混在一块，它们就会相抵消。①这正好同正、负电荷相互抵消相对应。如果原子核由等量来回迅速运动的正、负电荷所组成，它就应该是电中性的，在你看来，它就应该呈白色。但是，如果正电荷或负电荷多一些，整个系统就会带点红色或带点青色。这很简单，不是吗？"

"瞧，"老头让汤普金斯先生看桌边的两个大木盒，继续说道，"这就是我保存原料的地方，用这些原料可以制造出各种原子核。第一个盒子里放的是质子，也就是里面的红球。它们是非常稳定的，永远保持红色，除非你用刀子或其他东西把颜色刮掉。让我担心得多的是第二个盒子里的所谓中子。它们在正常情况下是白色的，或者说是电中性的，但是，它们非常倾向于变成红色的质子。只要这个盒子盖得严严实实，一切就保持正常；但是，你一旦把它们拿出一个来……你自己来看吧。"

---

① 读者必须记住，这里所说的颜色的混合只是指色光的混合，而不是指颜料本身的混合。如果我们把红色和青色颜料相混合，就只能得出一种混浊的颜色。但是，如果我们把陀螺一半涂红色，一半涂青色，然后让它迅速地自转，那么，我们就会看到它呈白色。——原作者注

我给带正电的粒子涂上红色，给带负电的粒子涂上青色

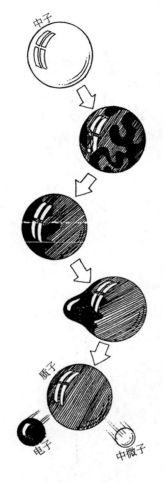

中子

质子

电子

中微子

那个老木雕匠打开盒子，拿出一个白球放在工作台上。在那一刹那，似乎什么事情也没有发生，但是，在汤普金斯先生即将失去耐心的时候，那个球却突然变活了。它的表面呈现出一些不规则的红、青条纹，有那么一会儿，那个球看来就像是孩子们非常喜爱的那种带色的玻璃弹球。然后，青色逐渐集中到球的一侧，最后完全和那个球分离，形成很绚丽的一滴绿点，掉落在地板上。那个球现在整个变成红色，同第一个盒子里的任何一个红色质子都毫无区别。

"你看到了吧，"他兴奋地说，"中子的白色分解成红色和青色，这样，这整个球就分裂成3个独立的粒子。"

"这个电子，"他一边说，一边捡起地上的那个小球，"跟其他电子并没有什么区别，只是个普通的电子。桌子上那个是质子（这也是个很普通的质子），然后还有一个中微子。"

"还有什么？"汤普金斯先生问道，他显得十分困惑。"对不起，你最后提到的是什么粒子，你能再说一遍吗？"

"是中微子，"老木雕匠重复了一遍，"它跑到那里去了，"他指着另一端的墙壁补充说，"你看到它了吗？"

"是的，是的，现在我看见它了，"汤普金斯先生急忙答道。"但是，它又跑到哪里去了？我又看不见它了。"

"哦，中微子是非常滑溜的。它能穿过一切物体：关着的门啦，坚硬的墙啦，它都能穿过去。我把它从这里扔出去，它能直接穿过整个地球，从另一侧飞出去。"

"哇！"汤普金斯先生惊叹地说，"这肯定比我看到过的所有变彩色手帕的戏法高明多了。但是，你还能够把它变回原来的颜色吗？"

"能，我可以把青颜料再揉回这个红球的表面上，让它再一次变成白的，不过，这当然需要花费一些能量啦。还有一种做法是把红色的颜料刮掉，这同样要用掉一些能量。这时，从质子表面刮下来的颜料会形成一滴红颜料，也就是一个正电子，你听说过正电子吗？"

"是的，当我自己是个电子的时候……"汤普金斯先生起初这样说，但他很快就纠正了自己的话，"我是说，我听说过，当正电子和负电子碰到一块的时候，它们就会互相湮没而消失掉，"他说，"你也能给我变变这种戏法吗？"

"没问题，"老头说，"不过，我不想费牛劲去把颜料从这个质子上刮下来，因为我上午工作结束时正好多出两个正电子哩。"

他拉出一个抽屉，拿出一个明亮的小红球，他用大拇指和食指把它牢牢地捏住，然后放在台子上那个小青球的旁边。一声尖锐的、像鞭炮爆炸那样的响声后，那两个小球一下子全消失了。

"你看到了吗？"木雕匠一边说，一边向他那几个被轻微烧伤的指头上吹气，"这就是为什么不能用电子来制造原子核的原因。我试过一次，然后立即放弃了。现在我只采用质子和中子。"

"可是，中子同样是不稳定的，不是吗？"汤普金斯先生问道，他还没有忘记老头的上一个表演。

"当中子单独存在时，它们是不稳定的。但是，当把它们紧紧地塞入原子核中，并把别的粒子放在它们周围时，它们就变得非常稳定了。但是，如果相对于质子而言，原子核中的中子数量太多时，它们就会自己发生转化，这时，多余的颜料就会以正电子或负电子的形式从原子核中发射出来。过去我们把这些被发射出来的电子叫作 β 衰变。"

"制造原子核时要用胶水吗？"汤普金斯先生很感兴趣地问。

"一点也不需要，"老头回答说，"你知道，只要把这些粒子放到一块，让它们接触，它们自己就会互相粘住。要是你愿意，你可以自己试试看。"

汤普金斯先生按照这个建议，一手拿一个质子，一手拿一个中子，小心翼翼地把它们放到一块儿。他马上感到有一种强烈的吸引力，当他仔细观看这两个粒子时，他发现了一种非常奇怪的现象。这两个粒子不断地交换它们的颜色，一会儿变红，一会儿变白，好像红颜料正在从他右手的球"跳到"左手的球上，然后又跳回来似的。颜色的这种移动是如此之快，以至于这两个球好像被一条粉红色的带子绑在一块，而颜料的色彩就沿着这条带子来回移动。

"这就是我那些搞理论物理的朋友叫作交换现象的玩意儿，"老工匠说，看到汤普金斯先生非常惊讶，他大为开心，轻声笑了起来。"当你把两个球这样放在一起的时候，这两个球都倾向于变为红色，也就是说，它们全都想占有那个电荷，但是，既然它们不能够同时占有这个电荷，它们就轮流把它拉来拉去，谁也不愿意把它交出来，结果，这两个球就粘在一块儿，你只有使劲才能把它们分开。现在我可以做给你看看，要制造任何你想要的原子核是多么简单的事。你想要什么原子核呢？"

"金子。"汤普金斯先生说。他想起中世纪的炼金术士一心想做成的事情。

"金子吗？让我们做做看吧，"老工匠转向墙上挂着的一张大图表，喃喃地念道，"金的质量是 197 个单位，它带有 79 个正电荷。这就是说，我必须拿出 79 个质子，再加上 118 个中子，才能得到正确的质量。"

他数出了那么多个粒子，把它们放入一个长长的圆筒里，并用一个笨重的木塞把它整个塞上。然后，他使尽全身力气，把木塞往下压。

"我必须这样做，"他向汤普金斯先生解释说，"因为带正电的质子之间的电斥力非常强。一旦这种斥力被木塞的压力所克服，质子和中子就会由于它们的相互交换力而粘在一块儿，形成我们想制造的原子核了。"

他尽可能把木塞压到最深的地方，然后再把它拔出来，并且迅速地把圆筒翻个底朝天。于是，一个闪闪发光的粉红色圆球滚到台子上，汤普金斯先生仔仔细细地观察了一会儿，发现这种粉红色是由那些迅速运动着的粒子交替发出红色和白色闪光造成的。

"真漂亮啊！"他惊叹道，"那么，这就是一个金原子了！"

"还不是原子，只不过是原子核而已，"老木雕匠纠正他说，"要制成原子，还必须添加适当数量的电子去中和原子核的正电荷，也就是说，必须一个电子外壳把原子核包住，原子核外面通常都有一个电子外壳。不过，这是很容易做到的，只要在原子核周围有一些电子，原子核自己就会把它们抓住的。"

"奇怪，"汤普金斯先生说，"我岳父从来没有提起过，人们能够这样简单地制造出金子来。"

"你岳父同其他那些原子核物理学家啊！"老头感慨地说，他的话里带着一种恼怒的音调，"是的，他们能够把一种元素变成另一种元素，可是，他们做得很笨拙，范围也非常有限。他们所得到的新元素的数量，少到连他们自己也很难看到它。我来让你看看他们是怎样做的。"于是，他拿起一个质子，用相当大的力量把它朝台子上那个金原子核扔去。在接近那个原子核外围的时候，质子的速度稍稍变慢了一些，犹豫了片刻，然后撞进原子核中去了。那个原子核在吞没质子之后，好像发高烧似地哆嗦了一会儿，然后噼啪一声分裂出一小部分来。

"你看，"他拣起那块碎片说，"这就是他们叫作 $\alpha$ 粒子的那种东西，如果你仔细地把它检查一下，你就会发现它含有两个质子和两个中子。这样的粒子通常是从所谓放射性元素的重原子核中发射出来的，不过，要是把普通的稳定原子核敲打得足够狠，你也可以把这种粒子敲出来。我应该请你注意这样一个事实：现在留在台子上的那一大块碎片已经不再是金原子核了，它已经少一个正电荷，现在是周期表上处在金前面的元素铂的原子核。不过，有的时候，进入原子核的质子并不会使原子核分裂成两部分，结果，你所得到的就是周期表上跟在金后面那个元素的原子核，也就是汞的原子核。把这些过程和类似的过程结合起来，我们实际上能够把任何一种指定的元素转变成另一种。"

"那么，物理学家们为什么不把大量像铅这样的普通元素，转变成像金那样价值更高的元素呢？"汤普金斯先生问道。

"因为用炮弹轰击原子核的效率太低了。首先，他们不能够像我这样准确地打出他们的炮弹，因此，实际上要射出几千发炮弹，才有一个炮弹击中原子核。其次，即使在直接命中的情况下，炮弹也很可能不穿进原子核的内部，而是从原子核上弹回去。你可能已经注意到，当我把质子扔到金原子核上时，它在进入原子核之前有些犹豫，我当时还认为，它会被原子核弹回来呢。"

"到底是什么东西阻碍炮弹进入原子核呢？"汤普金斯先生很感兴趣地问。

"你自己应该能够猜到，"老头说，"只要你还记得原子核和轰击它的质子全都带有正电荷就行了。在这些电荷之间的静电斥力，形成了一种不很容易越过的堡垒。如果说入射质子能够穿过原子核的这种堡垒，那只是因为它们利用了某种像特洛伊木马计那样的方法，它们不是作为粒子，而是作为波通过原子核的核壁的。"

汤普金斯先生正想承认他不理解老头的话是什么意思，但是就在这个时候，他突然意识到他可能已经理解了。

"有一次，我看过一种有趣的台球比赛，"他说，"那里用的也是这样的球。最初，台球放在三角形的木框里。后来，它突然出现在木框外，就像是穿过那个木质堡垒'漏'出来似的，当时，我还担心老虎会不会也从铁笼里漏出来。你看，我们刚才在这里看到的是不是同一回事呢——只不过现在不是台球和老虎漏出来，而是质子漏进去罢了？"

"我觉得就是这样。"老头说，"不过，我对你说实话吧，理论从来就不是我的强项。我自己只不过是个做实际工作的人。但是十分明显，那些核粒子只要是用量子材料做成的，就总是能够穿过一般认为无法通过的障碍物漏进去。"

老头停了一下，认真地看着汤普金斯先生。"你说的那些台球，"他接着问道，"它们确实是真正的量子象牙台球吗？"

"是的，据我了解，它们是用量子大象的长牙制成的。"汤普金斯先生回答说。

"好啊，人生就是这样嘛，"老头悲哀地说，"他们浪费这样宝贵的材料，只不过是为了玩乐，而我却不得不用普普通通的量子橡木来雕刻质子和中子——整个宇宙最基本的粒子。"

"不过，"他继续说，努力想把他的沮丧掩盖起来，"我这些可怜的木雕制品同那些贵重的象牙制品一样出色。我要让你看看，它们能够多么干净利落地通过任何一种堡垒。"于是，他登上长板凳，从顶层架子上拿下一个雕刻得很奇怪的木制品，它的样子很像一座火山口的模型。

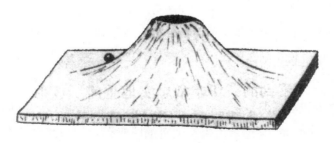

它的样子很像一座火山口的模型

    "你现在所看到的，"他一面说，一面轻轻地拂去上面的灰尘，"是任何一个原子核周围都存在的斥力势垒的模型。外面的斜坡相当于电荷之间的静电排斥作用，而里面那个洞相当于把核粒子粘在一起的内聚力。现在如果我把一个球向斜坡上弹去，但是所用的力量不足以使它越过坡顶，你自然要认为它将会滚回来。但是，你看看实际上会发生什么事吧……"说着，他把那个球轻轻一弹。

    那个球在大约爬上斜坡的一半以后，又重新滚回台子上来了。

    "怎么啦？"汤普金斯先生不满意地评论说。

    "等一等，"木雕匠平静地说，"你不应该期望第一次试验就能成功啊。"于是，他又一次让那个球爬坡。这一次又失败了。但是，在第三次试验时，那个球大约刚刚爬上斜坡的一半时，突然一下子消失不见了。

    "好，你能猜到那个球到哪里去了吗？"老木雕匠带着魔术师的神态得意洋洋地说。

    "你是说它现在已经进入洞中了吗？"汤普金斯先生问道。

    "是的，它现在确实就在那里。"老头说，一面用指头把那个球夹出来。

    "现在让我们反过来做一做，"他提议说，"看看球不爬上峰顶，能不能从洞里跑出来。"说着，他把那个球扔回洞里。

    有一段时间，什么事情都没有发生，汤普金斯先生只能听到那个球在洞里来回滚动所发出的细微的声响。后来，奇迹般地，那个球突然出现在外面斜坡的中部，然后平缓地滚落到台子上。

    "你现在所看到的一切非常忠实地重演了放射性物质 $\alpha$ 衰变中所发生的情景。"木雕匠说，同时把模型放回原处，"只是在后一种场合下，你碰到的不是用普通量子橡木制成的斜坡，而是静电斥力的势垒。不过，从原理上说，这两者并没有任何差别。有的时候，这种电势垒是非常'透明的'，粒子远远不到一秒钟就会逃跑出来；但有的时候，它们却非常'不透明'，

要发生这种现象，需要几十亿年的时间，比如说，在铀原子核的场合下就是
这样。"

"但是，为什么原子核不全都是放射性的?"汤普金斯先生问道。

"这是因为在大多数原子核中，那个洞穴的底部低于外面的水平面，只
有在那些非常重的已知原子核中，洞穴的底部才高到有可能发生这种逃跑的
事件。"

他又一次让那个球爬坡

老木雕匠抬头看看墙上的挂钟。"哎呀，到时间了。我该关门了。如果
你不介意……"

"啊，我很抱歉。我本来并没有打算让你花费这么多时间。"汤普金斯
先生带着歉意说，"不过，这实在是太有意思了。我只剩下一个问题。可以

问吗？"

"什么问题？"

"你刚才说，在把不值钱的元素变成更值钱的元素时，用炮弹轰击原子核的做法很难奏效，效率非常低……"

老木雕匠笑了。"你还在希望利用原子核物理学发大财？"

汤普金斯先生不安地动了动，但还是继续往下说："但是，对你来说，这似乎不难做到，用你放在那里的那种巧妙的装置。"他指着那个用圆筒和木塞组成的新奇发明说："所以，我觉得很奇怪……"

老木雕匠又笑了。"它是很巧妙，但事情并不是真的。问题就在这里。不，你应该承认，把不值钱的金属变成金子——用生意场上的话来说——这纯粹是空想。我想，你该醒醒啦。"

"真可惜。"汤普金斯先生闷闷不乐地想着。

"我说，你该醒醒啦！"

不过，这一次说话的并不是老木雕匠，而是慕德。

# 14　虚空中的空穴

女士们、先生们：

今天晚上我们要讨论一个有趣的话题——反物质。

反物质的第一个例子，就是我在前几次演讲中已经提到过的正电子。需要指出的是，我们是在纯理论思考的基础上预测了这种新粒子的存在，几年之后才真正地探测到它。人们从理论上预见到它的一些主要性质，这对于从实验上发现它有巨大的帮助。

作出这种理论预言的荣誉归于英国物理学家狄拉克。他利用爱因斯坦的相对论，结合量子理论的一些要求，去推导电子的能量 $E$ 的公式。在快要完成计算时，他得到了 $E^2$ 的表达式。这样，最后一步就在于取这个表达式的平方根，找出同 $E$ 本身相对应的公式。大家知道，在取平方根时，通常有两个不同的可能值：一个是正的，另一个是负的（例如，4 的平方根可以是+2，也可以是−2）。在解决物理学问题时，人们习惯于认为负值"没有物理意义"而不加以考虑，换句话说，就是仅仅把它看作是一种没有任何意义的数学怪物。在上面所说的这个特定的场合下，负解应该同具有负能量的电子相对应。大家别忘了，按照相对论，物质本身是能量的一种形态，所以，具有负能量的电子就意味着它具有负的质量。而这简直是不可思议的！如果你对这样的粒子施加一个引力，它就会离你而去；如果施加的是推力，它却会朝你奔过来——这是同"可以触摸到的"带正质量粒子的行径完全相反的。当然，我们也可以这样想，我们有充分的理由把那个方程的负解看作是"没有物理意义的"。不理睬它！

狄拉克的精明之处就在于他并没有这样想。他认为，电子不仅可以有无穷多个不同的正能量量子态，也可以有无穷多个不同的负能量量子态。问题是：电子一旦处于负能量量子态，它就必定会显出负质量特有的行为特征，而这样的行为特征当然是我们从来没有观察到的。那么，假设中的这种古怪的负质量电子到底在哪里呢？

最开始为了解答这个难题，有人可能说，这只不过是电子恰好不喜欢负能量的量子态，它们由于某种原因，就让这类量子态永远空着。但是，这是说不通的。我们已经知道，虽然在原子中电子有一些量子能态可以占有，但是，电子总是自然地倾向于跳到最低的可用能态并把它的能量辐射出去（除非这个能态已经被别的电子所占有——根据泡利不相容原理，这时它就无法再跳进去了）。既然如此，我们就应该想到，所有的电子都会随时从较高的正能态跳到较低的负能态。难道它们的举止全都不合规矩吗？！

狄拉克所提出的解决办法可能是我们能想到的最奇怪的一种。他认为，我们所熟悉的电子之所以没有跳入负能态，是因为所有的负能态全都已经被占满了——无穷多个负能态已经被无穷多个带负质量的电子占满了！如果事情确实如此，那么，为什么我们看不到它们呢？严格地说，这是因为这样的电子实在太多太多了。它们形成了一个完整的连续统。这些电子处在一个完全规则、完全均匀分布的"真空"里。

一个完整的连续统是探测不到的。你无法指着它说"它就在这里"。它是无所不在的。不管在什么地方，它都不会比别的地方多一点或少一点。当你通过它进行运动时，你不会觉得在你的前面它的密度集结得大一些，在你的后面留下了"空隙"——汽车通过空气行驶、鱼儿通过海水运动的情形就是这样。因此，它对运动不会产生任何阻力……

听到这里，汤普金斯先生觉得头昏脑胀了。一种真空——完完全全的虚空——被某种什么东西完全占满了！它就在你的周围，甚至还在你的体内，可你就是看不到它！

他开始做起白日梦了。他想象自己变成一条鱼，在水中度过他的一生。他感觉到海上清爽的微风和轻轻荡漾着的碧波。但是，尽管他游泳游得很好，却发现自己越沉越深。奇怪的是，他并没有感到缺氧，反而觉得十分舒服。"可能，"他想，"这是一种特殊的隐性变异的效果。"

据古生物学家们说，生命是从海洋中开始的，在鱼类当中，第一个移栖到干燥陆地上的先锋与所谓的肺鱼很相似，它爬到海滩上，靠它的鳍爬行。据生物学家们说，这种最早的肺鱼后来逐渐进化成陆居动物，像老鼠、猫、人等等。但是其中有一些，像鲸类和海豚，在已经学会克服陆上生活的一切困难以后，又回到海洋里去了。它们回到水里以后，仍然保存了它们在陆上斗争中所需要的那些优点，并且仍然是哺乳动物，雌鲸和雌海豚在体内怀胎，而不是只甩出鱼子，再由雄性授精。那个名叫斯齐拉德①的著名匈牙利科学家不是说过，海豚的智力比人类还要高吗？！

他的思路被海洋深处某个地方的一段对话打断了，进行对话的是一只海豚和一个典型的人。汤普金斯先生认出，这个人是剑桥大学的物理学家狄拉克，因为他过去曾经看见过他的照片。

"你听着，狄拉克，"是那条海豚在说话，"你老是说，我们不是处在真空中，而是处在由带有负质量的粒子所形成的物质介质中。就我的感觉来说，水同空虚无物的空间根本没有任何差别，水是十分均匀的，我可以穿过它朝各个方向自由地运动。不过，我从我曾祖父的曾祖父的曾祖父的曾祖父那里听到一个传说，说是在陆地上就完全不同了，那里有许多高山和峡

---

① 参考斯齐拉德著：《海豚的声音和其他故事》（Leo Szilard, *The Voice of the Dolphins and Other Stories*, Simon and Schuster, New York, 1961）。——译者注

谷，不费很大力气就没法越过它们，而在这里，在水中，我可以随意朝我选好的任何方向运动。"

"你说的没错，我的朋友，"狄拉克回答说，"海水对你身体的表面施加一种摩擦力，如果你不摆动你的尾巴和鳍，你就根本不能够运动。同样，由于水的压力随着深度而改变，你要靠你身体的膨胀和收缩才能够往上浮和往下沉。但是，如果水没有摩擦力和压力梯度，你就会像个用完火箭燃料的宇航员那样无依无靠。我那个由带负质量的电子所形成的海洋是完全没有摩擦力的，所以我们无法看到它。只有缺少一个电子的情况才能用物理仪器观察到，因为缺少一个负电荷就等于出现一个正电荷，这种情形就连库仑也能注意到的。"

"不过，在用普通的海洋来比喻我的电子海洋时，我们必须指出两者之间有一个重要的差别，我的电子海洋里无法再添加任何一个电子了。因为根据泡利的不相容原理，占据同一个量子运动状态的电子不能多于两个，而且，这两个电子的自旋方向必须相反。在我这片电子海洋里，所有可能的量子能级都已经被占满了，因此任何多余的电子都只能停留在我的海洋的表面之上，因而很容易用实验把它辨认出来。电子是汤姆孙[①]最先发现的。不管是围绕原子核旋转的电子，还是通过真空管飞行的电子，都是这种多余的电子。在 1930 年我发表第一篇论文以前，我们以外的空间一直被认为是空虚的，当时人们相信，只有那些偶然溢到零点能水平面以上的水花，才具有物理学上的现实性。"

"但是，"海豚说，"既然你的海洋是连续的，又没有摩擦力，因而无法观察到，那么，你谈论它又有什么意义呢？"

"好吧，"狄拉克说，"现在让我们假设，有某种外力迫使一个带有负

---

① 汤姆孙（J.J.Thomson），1824～1907，英国物理学家，他除了发现电子外，在热学和电学方面也有不少贡献。他由于对电子的研究而获得 1906 年的诺贝尔物理学奖。——译者注

质量的电子从海洋深处升高到海面以上。在这种场合下，可以观察到的电子就多了一个，人们大概会认为，这种情形是违背了守恒定律的。不过，由于这个电子的离开，现在在海洋中形成了一个可以观察到的空穴。"

"它就像海水中的气泡那样，"海豚指着从深海出现、正在慢悠悠地漂向海面的一个气泡说："就像那个？"

我的海洋是没有摩擦力，而且处处均匀的

"正是，"狄拉克同意了，"在我的世界里，我们不但可以看见从电子海洋中敲出的带有正能量的电子，并且还可以看见留在真空中的空穴。这个空穴就是少了一点以前存在过的东西的结果。举例来说，原来那个电子是带有一个负电荷的，而在一个均匀分布的连续统中缺少了那个负电荷，就应该理解成在那里出现了等量的正电荷；同时，在那里缺少了一个负质量也应该看作是出现了一个正质量，这个质量的大小与原来那个电子相同，但却取正值。换句话说，这个空穴的表现同一个完全正常的、触摸得到的粒子并没有什么两样。它的行为同电子一样，只不过它带的是正电荷，而不是负电荷。正是因为这样，我们才把它叫作正电子。这样一来，我们就看到了电子对的产生——在空间的同一点上同时产生了一个电子和一个正电子。"

"这真是个绝妙的理论，"海豚评论说，"不过，事情真的是这样吗……"

"下一张幻灯片。"教授那熟悉的命令式的声音打断了汤普金斯先生的美梦，"我刚才说过，唯一能够探测到那种连续统的办法，就是要设法把它扰动一下。如果你能在连续统中击出一个空穴，那么，你就可以说：'整个连续统是无所不在的，但是这里是个例外。'女士们、先生们，这正好就是狄拉克所提出的建议：请在空虚的空间里打个洞吧！这张图片告诉我们，这件事已经做到了！

"这是一张气泡室的照片。我也许应该说明一下，气泡室是一种粒子探测器，它有点像威尔孙云室，但是其内容却正好相反（云室是在粒子经过的地方产生小水滴，而气泡室却是在粒子经过的地方产生小气泡）。气泡室是美国物理学家格莱泽发明的，他因此而获得 1960 年的诺贝尔物理学奖。据说，有一次他坐在酒吧里，郁郁不乐地注视着他面前的啤酒瓶中冒起的气泡。他突然想到，既然威尔孙可以通过气体中的液滴去研究粒子，那么，他为什么不能通过液体中的气泡更好地对粒子进行研究呢？威尔孙是使气体

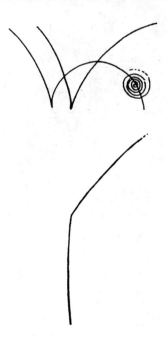

两个 V 字的下端都指向原先相互作用的地点

发生膨胀而使过饱和的水蒸气冷却凝成小水滴的，那么，他为什么不能降低对液体的压力、使它变得过热而沸腾呢？而这正是气泡室所起的作用：它用液体中的一串串气泡标志出带电亚原子粒子的尾迹。

　　"这张特殊的幻灯片显示了两个电子-正电子对的产生。有一个带电粒子进入了这张图的底部。它在大家看到的那个拐弯的地方发生了一次相互作用。由于这次相互作用，不但那个带电粒子离开原来的路径向右拐弯，而且还产生了一个中性粒子，后者立即变成两束高能γ射线。你们既看不到这第二个粒子，也看不到它所产生的γ射线，因为它们都是电中性的，不会留下一串气泡。后来，每一束γ射线又各自产生一个电子-正电子对，那就是图上端那两个 V 字形的径迹图形。请大家注意，那两个 V 字的下端都指向原先相互作用的地点。

　　"大家还应该注意到，所有这些径迹都有规则地朝着这一侧或那一侧弯曲。这是因为当时已经沿着我们视线的方向对整个气泡室施加了强大的磁场。这个磁场使得照片中的带负电运动粒子顺时针方向拐弯，而带正电粒子则逆时针方向拐弯。既然这样，现在你们就应该能够辨认出每一对中的电子和正电子了。顺便说一下，有些径迹之所以比另一些径迹弯得更厉害，是因为弯曲的程度取决于粒子的动量：粒子的动量越小，其径迹的曲率便越大。你们现在一定已经开始认识到，一张气泡室的照片充满了各种各样的线索，它们可以指引我们怎样继续走下去！

　　"现在你们已经看见怎样才能在真空中打出一个洞，而且一定想知道接下去会发生什么样的事……"

　　听到这个时候，汤普金斯先生并不觉得奇怪。他的思绪已经回到他自己还是一个电子的时候了，并且毛骨悚然地想起他怎么闪避开那个好战的正电子。但是，教授还在继续往下讲：

　　……正电子的表现一直同正常的粒子没有什么两样，直到它碰上一个普通的带负电的电子。这时电子会立即落入这个空穴并把它填满，于是，连续统便恢复了原状，而电子和正电子（空穴）却双双消失了，我们把这种事件叫作正电子与负电子互相湮没。它们结合时释放出的能量则以光子的形态发射出去。

我刚才一直把电子说成从狄拉克海洋中溢出的东西，而把正电子当做这个海洋中的空穴。但是，我们也可以把这种看法反过来，把普通电子看作空穴，而让正电子扮演被溢出的粒子的角色。不管是从物理学观点还是从数学观点来看，这两种图像都是绝对等效的，无论选用哪一种图像，实际上并没有任何差别。

其实，电子并非独一无二地具有反粒子（我们称之为正电子）的粒子。与质子相对，也有一种反质子。正像我们可以预料到的一样，它的质量正好与质子相同，但却带有相反的电荷，换句话说，反质子是带负电的。反质子可以看作是另一种连续统中的空穴。这一次，这个连续统是由无穷多个带负质量的质子组成的。事实上，所有各种粒子都有其反粒子，我们把后者统称为反物质。

现在有这样一个问题："如果说在我们所居住的这一部分宇宙，物质在数量上明显地占优势，那么，我们是不是应该设想在宇宙的某个其他部分，情况会恰好反过来呢？"换句话说，从狄拉克海洋中溢到我们周围的水花，是不是要靠某个什么地方缺少这种粒子来作为抵偿？

这个极有意义的问题是很难回答的。事实上，由于由带负电的原子核和围绕它转动的正电子所构成的原子，应该具有与普通原子完全相同的光学性质，我们就没有办法靠任何光谱分析来解决这个问题了。就我们目前所知道的情况而言，构成（比方说）大仙女座星云的物质，就非常可能是属于这种颠倒型的，不过，唯一能证明这一点的办法是把一块这样的物质拿到手，看看它在同地面上的物质接触时究竟会不会发生湮没。当然喽，这将是一种极其猛烈的爆炸！

　　事实上，最普通的办法是对互相碰撞的星系进行观察。如果有个星系是由物质构成的，另一个星系是由反物质构成的，那么，当一个星系的电子与另一个星系的正电子互相湮没时，所释放出的能量将会大得极其惊人。但是观察结果告诉我们，没有任何证据可以证明发生过这种事情。因此，比较保险的做法大概是假定宇宙的所有物质几乎都只属于一种类型。如果不是这样的话，宇宙中的星系就应该有一半是物质，另一半是反物质。

　　最近有人提出，可能在宇宙最开始的时候，物质和反物质的数量是相等的。但是，后来在大爆炸发展的过程中，各种相互作用有利于物质的存在，而不利于反物质的存在。正是其后发生的这一系列作用的结果，使得今天的宇宙出现不平衡的状况。不过，这种看法目前只不过是一种假设性的臆测而已。

# 15   参观"原子粉碎机"

汤普金斯先生实在按捺不住他心中的兴奋：教授已经安排好他的一部分学生去参观一所世界上第一流的高能物理实验室。他们就要看到原子粉碎机了！

几星期前，他们每人都得到实验室发给的一本小册子。汤普金斯先生已经认认真真地从头到尾读了一遍。他的头脑完全被弄糊涂了：关于夸克、胶子、奇异性、能量变物质和大统一理论的等等想法全搅和在一起，似乎能够解释一切事物，独独就是他搞不清楚。

到达参观中心时，他们被带到一间候参室，没有等待多久，他们的导游就匆匆忙忙地赶来了。这是一位二十五六岁、眼睛明亮、看起来非常热情的女性，她对他们表示欢迎，并且自我介绍说她是汉森博士，是实验室的一个研究小组的成员。

"在我们去看加速器以前，我想讲几句话，介绍一下我们这里所做的工作。"

有个人犹犹豫豫地举起一只手。

"怎么啦?"汉森博士问道，"你有问题要问吗?"

"你刚才说'加速器'。那么原子粉碎机呢? 我们不能也去看看它吗?"

导游稍稍露出一个怪相，"这正是我就要谈到的，加速器就是报纸上把它叫作'原子粉碎机'的那种机器。但是我们并不这样叫它。那是一种误导。尽管如此，你要是仅仅想粉碎一个原子，你就得把它的一些电子敲出来。

这是很容易做到的事，甚至就连粉碎原子核，也是比较容易的——至少同我们这里所做的事情相比是这样的。所以我们便把它叫作'粒子加速器'。"

"还有什么问题吗？请随便问好了……"她环顾了一下听众。看到没有什么反应，她就继续说下去。

"那么，好的。我们的总目标是想认识物质的最小组成单元，并且了解究竟是什么东西把它们结合在一起的。毫无疑问，你们都知道物质是由分子组成的，分子由原子组成，而原子又由原子核和电子组成。电子被看作是基本粒子，换句话说，它们不是由更基本的组成单元组成的。但是，原子核就不是这样了，原子核是由质子和中子组成的。我想，这是大家都已经知道的，对吗？"

实验室的一个研究小组的成员

听众都点头表示同意。

"那么，十分明显，下一个问题便是……"

"质子和中子是由什么东西组成的？"有位女士提议说。

"对极了。那么，你认为我们应该怎样去找出答案呢？"

"把它们粉碎掉吗？"那位女士鼓起勇气说。

"确实是这样，这似乎是一种正确的做法。我们过去先后发现了分子、原子和原子核的结构，靠的就是把'子弹'很快地射到它们上面，将它们击碎的办法。正因为这样，我们一开始就试着再用这种办法，把粒子——或者是质子，或者是电子——加速到很高的能量，然后让它们去撞击质子。我们希望用这种办法能把质子撞碎并分裂成它的几个组成部分。"

"那么，发生了什么事情呢？"她接着说，"质子被撞碎了吗？没有！不管子弹的能量有多高，质子都从来没有被撞碎过。但是，这时却发生了别的事情——一种十分奇怪的事情：碰撞的结果是产生了一些新的粒子——一些在开始时并不存在的粒子。"

"举例来说，让两个质子相碰撞时，你最后得到的可能是两个质子和另外一个粒子，这就是所谓的π介子。它的质量等于电子质量的 273.3 倍，即 $273.3m_e$。我们把这个过程写成下面的式子……"

汉森博士走到一个可以翻动的图板前，在上面写下

$$p + p \longrightarrow p + p + \pi$$

一位年纪较大的人立即举起他的手。

"但是，这无疑是不能允许的，"他皱着眉头断言说，"我在中学里学物理已经是很久以前的事了，但是我还记得一点：物质是既不能产生，也不能消灭的。"

"我想我得对你说，你在中学里学到的东西，有一种是错误的！"汉森博士这样说，她的话引起了一阵笑声。

"得，我想，那并没有完全错，"她急忙又补充说，"我们不能够无中生有。这一点仍旧是对的。但是，我们可以用能量来产生物质。按照爱因斯坦的著名公式

$$E = mc^2$$

这种可能性是存在的。我想，你们以前大概听说过这件事吧?"

学生们不能肯定地彼此看了看。

"我相信，我们大家都听说过一点这样的事，"汤普金斯先生主动地答道，"但是我不敢说在我们听过的演讲中已经提到过它。"

"好吧，它就是爱因斯坦的狭义相对论所得到的一个结论。"汉森博士解释说，"按照爱因斯坦的看法，人们是不可能把粒子加速到比光速还要快的。要想理解这一点，就应该想到质量也在不断增大。当粒子运动得更快时，它的质量便增大了，从而使进一步加速变得更加困难。"

"这一点我们倒是都知道。"汤普金斯先生满怀希望地说。

"好极了，"她回答说，"这样一来，你们所必须注意的，就只是正在受到加速的粒子不但会变得越来越重，而且它的能量也会变得越来越大。事实上，$E=mc^2$ 这个方程意味着，有一个质量 $m$ 同能量 $E$ 相联系着（$c$ 是光速，其之所以出现在这个方程里，是为了可以用相同的单位写出质量和能量）。因此，当粒子受到加速并得到更多的能量时，就必须考虑到质量一定会随着能量而增大。这就是为什么粒子看起来变得更重的原因。多出来的质量是由于现在有了更多的能量。"

"但是我不明白，"那个年纪较大的人坚持他的观点说道，"你说多出来的质量来自多出来的能量，但是，粒子在静止不动的时候就已经有了质量，那时候它并没有能量呀。"

"你说到点子上了。我们必须记住，能量有几种不同的形式：有热能，有动能，有电磁能，有万有引力势能，等等。静止粒子具有质量这个事实表明，物质本身就是一种能量形式：是一种'被禁锢的能量'，或者说是'冻结了的能量'。静止粒子的质量就是其被禁锢能量的质量。

现在，在上述碰撞中，射击粒子原先的动能变成了被禁锢的能量，也就是新出现的π介子的被禁锢能量。在碰撞后，我们得到的是与碰撞前完全相等的能量（以及质量），不过，现在有一部分能量是以另一种形式出现的。是这样吗？"

每一个人都点头同意了。

"好的，我们就这样创造了一个π介子。现在我们再来重复做这个实验。我们要检验许许多多次碰撞。我们发现了什么呢？那就是我们无法创造出质量任意大的新粒子：质量为 $273.3m_e$ 的粒子可以产生，而质量为 $274m_e$ 或 $275m_e$ 的粒子却从来没有出现过。确实还有些更重的粒子，但是它们只能具有特定的容许质量。比如说，就产生过一种 K 介子，它的质量为 $966m_e$，换句话说，就是大约等于质子质量的一半。甚至还有比质子更重的粒子，像质量为 $2183m_e$ 的 Λ 粒子就是这样的。事实上，目前已知的粒子已经超过 200种，并且还有它们的反粒子哩。我们估计，粒子的种类是无限多的。我们所能做到的事，取决于在碰撞中有多少能量可以使用。能量越多，我们所能产生的粒子就越重。"

"好了，既然已经产生了这些新粒子，我们就来看看它们，检验一下它们的性质。这并不是说，我们对于前面的第一个问题——质子是由什么东西构成的——已经不感兴趣了。当然不是这样。但是我们已经发现，要想了解质子的结构，关键在于研究这些新的粒子，而不在于努力把质子击碎成它的各个组成部分。问题在于，所有这些新粒子全都是质子的堂兄弟。大家都知道，有时可以通过研究一个人的家庭背景去认识他本人。这种做法也可以用在这里，我们可以通过考察我们所熟悉的质子和中子的亲属，去了解它们的结构。"

"那么，我们发现了什么呢？正像大家所预料到的，新粒子也带有一些普通的性质：质量、动量、能量、自旋角动量和电荷。但是除此之外，它们还具有一些新的性质——质子和中子所不具有的一些性质。这些性质被称为'奇异数'和'粲数'等等。顺便说一下，大家千万别被这些古怪的名称迷惑，每一种性质都有严格的科学定义。"

听众中有人举起了手，"你说的是什么意思——'新的性质'？我们讨论的是哪种性质？你又是怎样认出它的呢？"

"问得好。"汉森博士中断了片刻，陷入了沉思。

"好吧，让我试一试用下面的方式来说明问题。我先从大家熟悉的一种性质说起。请大家考察一下下面这个产生一个不带电π介子（即$\pi^0$）的反应：

$$p^+ + p^+ \longrightarrow p^+ + p^+ + \pi^0 \qquad \text{(i)}$$

右上角的符号表示粒子所带的电荷。我们通常不会在 p 的右上角写个+号，因为人人都知道质子有一单位的正电荷。但是，由于某些以后大家就会看清楚的原因，我不想把它省略掉。这里还有另外两个反应，一个产生负π介子，另一个产生不带电的π介子：

$$p + n^0 \longrightarrow p^+ + p^+ + \pi^- \qquad \text{(ii)}$$

$$\pi^- + p^+ \longrightarrow n^0 + \pi^0 \qquad \text{(iii)}$$

其中 $n^0$ 这个符号代表中子。以上三个反应全部可以实现。而下面的反应却不可能发生：

$$p^+ + p^+ \longrightarrow\!\!\!\!/\;\; p^+ + p^+ + \pi^- \qquad \text{(iv)}$$

好了，你们怎样看待这件事呢？为什么前三个反应都发生过，而第四个反应却永远不会发生呢？"

"是不是同电荷的错误有关系呢？"有个年纪较轻的学生问道，"在第四个反应式中，左边有两个正电荷，而右边却有两个正电荷和一个负电荷，左右两边并不平衡呀。"

"正是这样。电荷是物质的一种性质，它是应该守恒的：反应前的净电荷必须等于反应后的净电荷。而第四个反应式却不是这样，这就是它不能发生的非常简单的原因。不过，现在再来看看下面这个反应，它牵涉两个新粒子——不带电的 $\Lambda$ 粒子和带正电的 K 介子：

$$\pi^+ + n^0 \longrightarrow \Lambda^0 + K^+ \qquad\qquad (v)$$

这是一个已经观察到的反应。同它相反，下面的反应却永远不会发生：

$$\pi^+ + n^0 \longrightarrow \Lambda^0 + K^+ + n^0 \qquad\qquad (vi)$$

如果你想产生右边几个粒子的组合，那么，开始时左边的粒子必须有所不同：

$$p^+ + n^0 \longrightarrow \Lambda^0 + K^+ + n^0 \qquad\qquad (vii)$$

但是，如果开始时左边用的是上面的初始组合，你就会发现，下面这个反应是不会发生的：

$$p^+ + n^0 \longrightarrow \Lambda^0 + K^+ \qquad\qquad (viii)$$

而这是说不通的，因为事实上从能量的角度看，产生（$\Lambda^0 + K^+$）要比产生（$\Lambda^0 + K^+ + n^0$）更容易一些。这样，问题又来了：是什么东西使得反应（vi）和（viii）不能发生呢？"

她的眼睛在学生们的脸上扫视了一下，"这一次同电荷守恒有什么关系吗？"

学生们都摇摇头。

"对，这跟电荷守恒没有关系。"她说，"现在两边的电荷是平衡的。那么，大家有什么想法吗？"

听众全都有点发呆。

"好吧，正是由于这一点，我们才引入了粒子具有一种新性质的想法。我们把这种性质称为重子数。这个名称出自希腊文中表示'沉重'的那个名词。我们把重子数记作 $B$，并且规定各个粒子具有如下的 $B$ 值：

$$n^0, \quad p^+, \quad \Lambda^0 \text{ 全都具有 } B = +1,$$
$$\pi^0, \quad \pi^+, \quad \pi^- \text{ 和 } K^+ \text{ 具有 } B = 0。$$

我们把前一组粒子称为'重子'，把后一组粒子称为'介子'——出自希腊文中表示'中介'的那个名词（我也许应该顺便提一下，还有另外一些别的粒子,它们很轻,所以被称为'轻子',电子就属于这一类)。

"现在,在规定了各个粒子的 $B$ 值以后,我们还要假设 $B$ 是守恒的:碰撞前后重子数的总值必须相等。说到这里,我希望大家记住这一点,再一次看看前面提到的那些反应,证明那些发生过的反应是 $B$ 守恒的反应,而那些不会发生的反应则是 $B$ 不守恒的。"

经过一两分钟聚精会神地加减,学生们开始一面点头,一面小声地说他们同意汉森博士的说法。

"好的,正是由于 $B$ 不守恒,那些反应才不能发生。而那些反应不能发生,又告诉我们有一种新的性质 $B$。不仅如此,我们还了解到这种性质的某些表现:它在碰撞中必须守恒,就像电荷、能量或动量等等那样。"

学生们显然对这个解释感到满意。汤普金斯先生却不是这样。他交叉着双臂坐在那里,脸上露出怀疑的神色。这被汉森博士注意到了。

"有什么不对头吗?"她问道,"你有问题?"

"与其说是问题,"他回答说,"倒不如说是评论。坦白说,你的话不能叫我信服。事实上,如果你不介意我这样说的话,我认为那完全是胡扯!"

"胡扯?"她有点慌张地问道,"我不……对不起,你刚才说什么来的?"

"我说的是那些粒子的重子数的值。你是从哪里把它们弄来的?我认为你选定那些值,只不过是想得到你希望得到的结果。你给各种粒子安排了那些 $B$ 值,当然就让那些合适的反应能够发生,而另一些反应不能发生了。"

汤普金斯的学生朋友们惊讶地盯着他。他怎么敢这样说呢?但是,这种紧张局面很快就消除了,汉森博士突然发出一阵笑声。

"好极了,"她说,"你说得非常正确,我们正是这样找出应该规定的重子数的。我们正是仔细考察那些会发生的反应和不会发生的反应,才作出适合于它们的重子数规定的。

"但是,这里还有比规定重子数更重要的事情。要不是这样,那就是在浪费时间了。关键在于,既然我们利用少数反应找出应该如何规定粒子的重子数的方案，我们以后就可以进一步作出预测，知道其他反应能不能发生了——我们可以作出千千万万个这样的预测。"

汤普金斯先生看起来仍然不太信服。

"让我这样来解释吧，"她补充说，"有一次，有个研究小组宣布他们有个重大的发现。他们发现了一种带负电的新粒子，并且把它叫作 $X^-$ 粒子。这种粒子是在下面的反应中发现的：

$$p^+ + n^0 \longrightarrow p^+ + p^+ + n^0 + X^- \qquad\qquad (\text{ix})$$

那么，它的 $B$ 值有多大呢？"

经过一番匆促的数学运算，学生们开始小声地说："等于−1。"

"对了，反应式左边的总 $B$ 值是+2，而右边有两个质子和一个中子，它们给出的 $B$ 值是 $B = +3$。这样，为了使两边的 $B$ 值平衡，$X^-$ 粒子就必须有 $B = -1$。好了，我们已经'利用'这个反应找到了 $B$ 值的意义了。这就是所谓'胡扯'的贡献。"她说，眼睛故意朝汤普金斯先生那个方向望去。"目前那些研究者进一步宣布说，$X^-$ 粒子在产生之后，便直接参加下面的反应：

$$X^- + p^+ \longrightarrow p^+ + p^+ + \pi^- + \pi^- \qquad\qquad (\text{x})$$

你们喜欢这种说法吗？"

学生们机械地点点头。但是，在一阵悄悄的交谈之后，有几个学生开始试着摇头了。

"怎么回事？"汉森博士询问他们，"你们不相信他们得出的结果是正确的吗？"

经过进一步的讨论，然后有个学生解释说，如果 $X^-$ 粒子的 $B$ 值确实像他们先前所断定的那样等于−1，那么，在这个新反应的前后，总 $B$ 值是不平衡的，那就是说，这个反应根本不可能是已经实现的。

"说得好！十分正确。他们确实是在骗人！实际上，$X^-$ 粒子所参加的是下面的反应：

$$X^- + p^+ \longrightarrow \pi^- + \pi^- + \pi^+ + \pi^+ + \pi^0 \qquad\qquad (\text{xi})$$

这就平衡了，你们可以查得出来的。好的，这就是说，你们已经利用重子数这个概念作出了一个预测——预测出反应（x）是不可能发生的。这也就是重子数这个概念的威力。"她转向汤普金斯先生问道，"满意了吗，现在?"

他露着牙笑了，并且点头表示同意。

"事实上，"她继续说下去，"X⁻ 粒子就是反质子，通常用 $\bar{p}$ 表示它。反质子的质量与质子相同，但电荷和 $B$ 值与质子相反。反应（xi）是质子和反质子彼此湮没的一种典型方式。

"好了。现在我们要得出另一个概念。让我们来试一试下面的反应——它是永远不会发生的：

$$K^+ + n^0 \longrightarrow\!\!\!\!\!\!\!\!\!/ \; \pi^+ + \Lambda^0 \qquad\qquad (xii)$$

如果你们检查一下反应式两边电荷和重子数的总数，就会发现两边正好符合。但是，我已经说过，这个反应是永远不会发生的。你们认为这是为什么呢? "

"是牵涉到另外一种性质吗?"慕德提出她的看法。

"是的，你说得对。我们把它叫作奇异数，并用字母 $S$ 来表示它。$K^+$的 $S=+1$；$p^+$，$n^0$，$\pi^-$，$\pi^0$ 和$\pi^+$都是 $S=0$，而 $\Lambda^0$ 和 $K^-$则是 $S=-1$。"

"请大家注意，普通的物质——质子和中子——都没有奇异数。因此，要想产生带有奇异数的粒子，就必须一下子同时产生两个（或更多个）粒子：一个带有 $S=+1$，另一个带有 $S=-1$［就像反应式（v）和（vii）所表示的那样］。这样，它们的 $S$ 组合相加起来正好等于原来的零。在第一次发现这种新粒子时——当时还不知道 $S$，也不知道 $S$ 必须守恒，由于这种粒子总是彼此联系在一起成对地产生，人们觉得这种方式很古怪，或者说很奇异，所以便有了'奇异'这个名称。如果我没有记错的话，我想在你们的小册子里就有一张粒子成对产生事件的照片，你们可能也想看看它。总而言之，自从发现了奇异数以来，人们又认证出一些别的性质：粲数、顶数和底数。

"这就是说，我们发现在这些碰撞中出现的每一个粒子都带有特定的一组标签。举例来说，质子带有正电荷，即 $Q=+1$，$B=+1$，$S=0$，而它的粲数、顶数和底数统统等于零。"

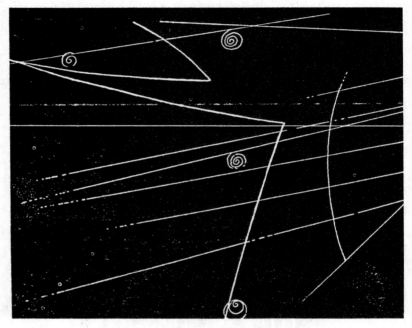

一个粒子成对产生的事件

"不过，你们肯定会这样想，这一切都非常美妙，但是它同寻找质子和中子的结构又有什么关系呢？我先前已经说过，我们可以通过考察质子的近亲（即这些新粒子）去发现它是由什么构成的。正是在这个阶段，我们被卷入到一些侦探工作中去。我们的基本思想是这样的：我们要把具有某些共同性质（相同的 $B$、相同的自旋等）的粒子收集在一起，然后根据它们在另外两个性质上所具有的值把它们排列起来。这两个性质，一个是我们刚刚谈过的 $S$，另一个叫作同位旋，用符号 $I_z$ 表示。这个名称出自表示'同等地位'的名词'同位'，因为事实上某些粒子是彼此极其相似的：它们具有相同的强相互作用和几乎完全相同的质量，以致人们倾向于把它们看作是同一种粒子的不同表现形式。例如,质子和中子就被看成同一种粒子——核子——的两种形式,其中的一种形式具有电荷 $Q = +1$,另一种形式则有 $Q = 0$。至于谈到同位旋,它们分别具有 $I_z = +\dfrac{1}{2}$ 和 $I_z = -\dfrac{1}{2}$(同位旋这个名称中有个'旋'字,是因为它在数学上的表现同普通的旋转非常相似)。"

"定义 $I_z$ 的一种办法是依靠关系式 $I_z = Q - \bar{Q}$,式中 $Q$ 是粒子的电荷,$\bar{Q}$ 是该粒子所归属的多重态的平均电荷。举例来说,由于质子的 $Q=+1$,而中子的 $Q=0$,所以它们的核子双重态的平均电荷是 $\bar{Q} = \dfrac{1+0}{2} = \dfrac{1}{2}$,这又意味着质子的 $I_z$ 是 $I_z = 1 - \dfrac{1}{2} = +\dfrac{1}{2}$,而中子则是 $I_z = 0 - \dfrac{1}{2} = -\dfrac{1}{2}$。"

"好了,正像我刚才说过的,现在我们要把一些带有某些共同性质的粒子收集在一起,并按照它们各自特有的 $S$ 值和 $I_z$ 进行排列,比方说,就像这样做……"

汉森博士在图板上勾画出一个粒子阵列的草图。

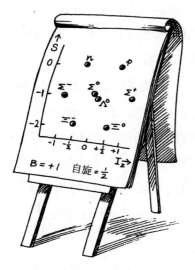
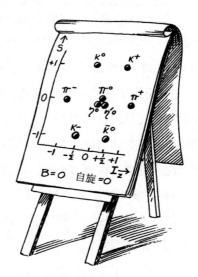

她勾画出一个粒子阵列　　　　　　同样完整的六角形

"这是我们所得到的一种图形：由 8 个都具有 $B$=+1 和 $\frac{1}{2}$ 自旋的重子所组成的集团。请大家注意，这是个六角形，当中有两个粒子，你们都知道，其中包含有质子和中子。在这样排列以后，我们开始认识到，质子和中子只不过是一个由 8 个个体组成的家族中的两个成员。"

"现在再看看这个……"

她画出第二个图形。

"这是 $B$=0、自旋等于 0 的介子家族，其中包含有π介子。像前一个那样，这正好是同样完整的六角形，也是由 8 个个体组成的。不过这一次在中心有一个附加的单态粒子。"

"那么，我们要用这个图形做什么呢？得到这个重复出现的相同图形仅仅是一种巧合吗？不，对于数学家来说，这个图形有一种特殊的重要意义。这是从数学中一个名叫'群论'的分支学科得出的结论（到目前为止，群论除了描述晶体的对称性以外，在物理学中还用得很少）。我们把这个图形称为'SU（3）表象'。'SU'是 Special Unitary（特一元）的缩写，它所描述的是对称性的本质。而'3'则表示三重对称性（请注意，当我们把它旋转 120°、240°和 360°时，会得到完全相同的图形）。"

"除了带来这个六角形八重态图形外，相同的 SU（3）理论还使我们指望有其他三重对称性的图形。最简单的一种是单态。在介子的情况下，我们同样有 8 个个体组成的图形。然后，还有构成三角形的十重态……"

说到这里，汉森博士的话被敲门声打断了。她改变了说话的口气。

"得，我们的小公共汽车来了。恐怕我得就此结束我简短的讲话了。非常抱歉，不过我相信，在以后的讲座里，你们一定会得到这类关于 SU（3）表象的说明的。"

汽车行驶了很长时间才到达目的地。下车以后，他们发现自己正在走向一座外观非常简陋的建筑物。

"加速器就在那里面吗？"汤普金斯先生感到有点失望，便向导游这样问道。

她笑了，但却摇摇头。"不，不是的。加速器在那里的下面。"

她指着地面说："大约在地下 100 米深的地方。这座建筑物只不过是我们到它那里去的入口。"

进入那座建筑物后，他们乘上了电梯。到底层出了电梯，他们发现自己正站在加速器隧道的入口处。

"在进去之前，我通常要在这里做个小小的实地演示。你们可能没有认识到，但是你们的家里都有一台粒子加速器。举例来说，这里就有一台。"她指着门口的一台电视监视器说，"在电视机的显像管里，电子从热的灯丝蒸发出来并受到电场的加速，结果就撞击到前面的荧光屏上。这个电场一般是由 20 000 伏的电压降产生的，因此我们说，被加速后的电子具有 20 000 电子伏（eV）的能量。事实上，eV 是我们这里所用的基本能量单位。对了，并不是完全用 eV，因为这个单位太小了。比较方便处理的单位是兆电子伏（$10^6$ 电子伏，即 MeV）或吉电子伏（$10^9$ 电子伏，GeV）。为了让大家有个概念，我要说，一个质子中的禁锢能量的大小是 938MeV，即将近 1GeV。也许我还应该说一下，我们一般把粒子的质量表示成它的能量当量，而不表示成电子的质量。这样，质子的质量就等于 938MeV/$c^2$。"

"你们就要看到的粒子加速器也可以加速电子，不过，所达到的能量要比这台监视器高得多，足以产生我前面说到的那些粒子。事实上，我们需要达到上百成千 GeV 的能量，这就要求有相当于 $10^{11}$ 或 $10^{12}$ 伏的电压降。但是，我们是无法产生和维持这样高的电压的——你们只要想想绝缘的问题就明白了。过一会儿，我会告诉你们，我们是怎样绕过这个困难的。不过，现在请先看看这个……"

她的手伸进衣袋拿出一个东西，把它在电视监视器的前面晃了晃。监视器的图像立刻变得模糊不清了。

"这是块磁铁，"她说，"磁场可以用来迫使粒子束拐弯。这是我们要加以实现的另一个想法。顺便说一下，"她赶紧补充说，"千万不要——我再重复一遍——千万不要在你们家里的电视机上做这种磁铁实验。如果是彩电，你们就会把它毁了，最后得到一个关于磁铁能对电子束产生什么作用的永久性纪念！只有在像这台监视器这样的黑白电视机上做这种实验才是安全的。好了，我们进去吧！"

他们走下一条最后通到隧道入口处的过道。隧道的大小同地下铁路的隧道差不多。对着隧道的入口，有一条非常长的金属管。它的直径有 10～20 厘米，管子沿着隧道的全长延伸着。走到它前面时，汉森博士解释说：

"这是粒子进行运动的管道。由于粒子要走很长的路，又不应该碰上任何东西，所以管道必须抽成真空。事实上，它里面的真空度要比外层空间的许多区域更高一些。这里这件东西，"她指着包着管道的一个柜匣子说，"是一个中空的铜质射频腔。它所产生的电场负责在粒子从旁边经过时对它们进行加速。不过，这个电场并不特别强，只有后面那台电视监视器中的加速电场那样大。那么，我们怎样才能达到我们所需要的异常巨大的能量呢？"

"好的，请大家沿着管道看到那一头。你们注意到管道的外形有什么变化吗？"

他们全都凝视着远方。这时有个年轻人说，"它变弯了，不过不非常明显。我最初还以为它是直的呢，原来却不是这样。"

"你说得对。这条隧道——连同加速器的管道——都是弯的，它实际上是个圆形，这整个东西的形状就像是个空心轮胎。这个管道以及同类性质的其他机器的周长有数十千米。我们在这里所看到的，只不过是整个圆的很小一段。电子必须沿着这条圆形的跑道运动。这就是说，它们最后会回到它们的出发点，全都准备再次经过同一个射频加速腔。它们每一次从那里经过，就再受到一次冲击而得到加速。这样一来，我们就不再需要巨大的电压降了。代替它的做法是，我们一次又一次地利用相同的加速腔，对粒子进行一系列

粒子在这种管道内运动

冲击加速,尽管这种冲击是很小的。你们不觉得这种做法很巧妙吗?"

　　他们低声地表示同意。

　　"不过,这又引起了另一个问题。我们必须把粒子的道路弯成一个圆。
你们认为怎样才能做到这一点呢?"

"得，根据你刚才对电视监视器的做法，我猜必须用磁铁来这样做。"汤普金斯先生提出他的意见。

"对了，这里就有一块。"她走到一块同样把管道包围起来的大铁块跟前说，"这是一块电磁铁，它的一个磁极在管道上面，另一个磁极在下面。它会产生一个竖直方向的磁场，使粒子的路径在水平面上拐弯。瞧瞧这个隧道，你就会看到有大量这种磁铁，它们全都相同，正好铺成一个圆环，从而使粒子沿着必要的圆形道路运动。

"下一个问题是：能够使带电粒子的路径偏离直线的磁场大小取决于粒子的动量，也就是粒子的质量与其速度的乘积。但是这些粒子在不断受到加速，所以它们的动量也在不断增大。这就是说，要使粒子的道路弯曲，并使它们总是沿着圆环运动，就变得越来越困难了。因此，我们就必须这样做：随着粒子动量的增大，供给电磁铁的电流要不断增大，从而使电磁铁两个磁极之间的磁场强度也不断增大。如果磁场的增大正好与粒子动量的增大同步，那么在整个加速期间内，粒子就会精确地沿着相同的道路运动。"

"啊！"那位年纪较大的绅士叫了起来，"这一定就是你们把它叫作'同步回旋加速器'的原因了。我还一直为这个名称感到纳闷呢。"

"是这样的，你说得对。这很像是奥林匹克运动会上的链球比赛：人们使链球一次又一次绕着圆形转圈，而在链球的速度变得越来越大时，它也把链条绷得越来越紧。"

"那么，我想这些粒子到了某个阶段会被放出去，对吗？你们最后会放开它们，让它们跑到某个地方去，是不是？"

"实际上，我们并不这样做，"汉森博士回答说，"你说的是我们过去常用的办法：一旦粒子达到了最大的能量，我们就激活一块冲击磁铁或者创造一个电场，把粒子从加速器中发射出去。于是它们就射到铜靶或钨靶上，并在那里产生新的粒子。然后再用更多的磁场和电场把这些粒子按照它们的种类分开，最后把它们引导到像气泡室那样的探测器中去。"

"采用固定靶有一些麻烦，那就是从可以利用的能量的角度看，它的利用效率并不太高。你们知道，在碰撞中，不但能量必须守恒，而且动量（或者说冲量）也必须守恒。从加速器射出的粒子具有动量，这个动量必定会转交给碰撞后出现的粒子。但是，最后出现的粒子如果不同时具有动能，就不可能具有动量。因此，事实上入射粒子的一部分能量要被扣下来作为储备，以便后来能够把它转交给新产生的粒子作为动能，使它们带着必需的动量进一步运动。"

"我们这台机器的好处，是它有两束粒子朝着相反的方向相撞。在发生对头碰撞时，一束粒子所带来的动量被另一束粒子所带来的大小相同而方向相反的动量抵消掉了。这样一来，两束粒子所带来的能量便全部可以用于产生新的粒子。这有点像两辆汽车发生对头碰撞，要比其中有一辆汽车静止不动时的碰撞猛烈得多，因为在后一种情况下，两辆汽车只不过是像火车脱轨改变了方向罢了。"

"那么，你是说这里有两台加速器，每台加速器发射一个粒子束了？"慕德问道。

"不，没有这种必要。一个磁场使带负电粒子拐弯的方向，正好同它使带正电粒子拐弯的方向相反。所以，我们的做法就是利用同一组偏转磁铁和加速腔，使正粒子沿着一条路运动，而负粒子则沿着另一条路运动。当然，要想准确地保持相同的轨道，它们必须始终具有相同的动量，所以，这两组粒子就必须具有相同的质量，同时具有相同的速度。这就是我们这里采用反向回旋的电子和正电子的原因。另一种这样的组合是质子和反质子。"

"就这样，两束粒子在不同的方向上受到一圈圈回旋加速，直到它们达到最大的能量。然后它们就被带到圆环上的某些指定点进行对头碰撞，也就是在这些交点上，我们安放了我们的探测仪器。"

"照你所说，进行对头碰撞看起来显然是一种出好成果的做法。那么，你们最初为什么会操心去考虑固定靶呢？"那个年纪较大的人又提问了。

"要利用这种互相对撞的粒子束有一个困难，那就是很难得到强度足够大的质子束和反质子束。我们把它们集中成铅笔那样细的窄束。但即使是这样，当把两束弄到一块时，大多数粒子都会不碰到另一束中的任何一个粒子就经过交点飞走了。必须采用极其巧妙的技术把粒子高度集中起来，才能造成相当数量的碰撞。这项工作是用聚焦磁铁来完成的。这里就有一块，"导游指着一块外观不同的磁铁说，"它有两对磁极，而不像通常那样只有一对。"

"不过，我还是不明白，为什么这台机器要做得这样大。"一位女士问道。

"啊，你应该认识到，一块这样的磁铁所能产生的最大磁场是有限的。随着粒子能量的增大，它们就变得越来越难以驾驭，因此，为了使它们的道路封闭成一个圆，就必须使用越来越多的这种磁铁。但是，正如你所看到的，每一块磁铁都有一定的物理尺寸——大约是 6 米吧。这就定下了必须纳入圆圈里的磁铁的数量——大约是 4000 块吧，更不用说还有聚焦磁铁和加速腔了。而这一切就决定了这个圆的大小。粒子的最终能量越高，这个圆就必须越大。"

"现在粒子是不是正在加速器中回旋呢？"有一个学生问道。

"天啊，不！"汉森博士喊道，"在机器运转时，任何人都不许下到加速器隧道这里来的——辐射强度太高了。现在是一个例行定期关机维修时期，这正是为什么把你们的参观定在今天的原因。"

她迅速地看了一下手表，接着说："好了，我们该再动一动了。请大家跟着我，我要带你们去粒子束发生碰撞的地点。这将使我们有机会看到一些探测器。"

他们经过一大串似乎没完没了的磁铁走了非常远的路，终于到达了隧道扩展成一个巨大的地下洞穴的地段。在洞穴中央高高耸立着一个像两层楼那样大的物体。

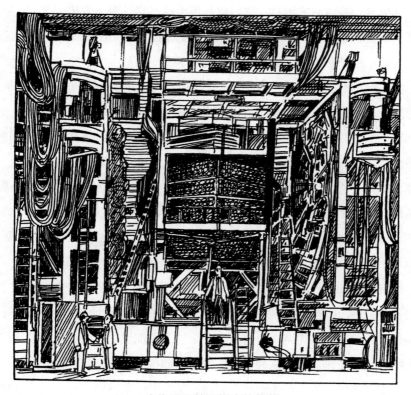

一个像两层楼那样大的物体

"这就是探测器,"汉森博士宣布说,"你们觉得它怎么样?"

他们都适当地发表了感想。

"喂,你们别到处乱跑,"她匆忙地叫住两个正在往上爬,想看个清楚的学生。"我们不应该打扰物理学家和技师们。他们正在按照非常严密的计划进行工作。他们的全部维修任务都必须在这个短暂的停机期间内完成。"

她继续解释这个探测器是怎样围着管道中粒子束的一个交叉点建造的,

"这样做的目的是要探测碰撞后射出的粒子。事实上，这并不只是一个探测器，而是有好多个探测器，其中每一个探测器都有它自己的特点和任务。例如，这里有一些透明的塑料，它们在有带电粒子穿过时会发出闪光。还有一些特制的材料，只要有一个粒子以大于这种媒质中的光速的速度穿过它们，就会发出一种特殊的光（契伦科夫辐射）。"

"但是我记得相对论说过，任何东西都不可能运动得比光更快——光速是速度的极限啊。"有位女士打断了导游的话。

"是的，这确实是个真理——不过，只有当你所想的是真空中的光速时才是这样。"汉森博士解释说，"当光进入水、玻璃或塑料这类媒质时，它的速度就会变慢。这就是你能看到折射（光的前进方向发生变化）的原因，也是你能显示出光谱线所依据的原理。但是，没有任何东西能阻碍粒子在穿过那种媒质时运动得比光更快。当发生这种情况时，它会发出一种电磁激波，就像飞机的速度超过声速时会产生声爆那样。"

她继续描述某些探测器是怎样由含有数千条通电细丝的充气室构成的，"当带电粒子穿过这种充气室时，便会从气体中的原子中撞击出一些电子（也就是使这些原子发生电离）。这些电子会迁移到细丝上，而它们的到来便可以被细丝记录下来。通过这种办法，知道了那些细丝所起到的作用，便可以重新画出粒子的径迹。再加上一个磁场，又有可能从不同径迹上出现的曲率测量出粒子的动量。"

"然后，这里还有些量热计。因为它们是依照中学自然科学课中测量能量的热学实验所用的量热计做的，所以才这样叫它。这里所用的量热计可以测量出单个粒子的能量或者相邻的几个粒子束的总能量。"

"知道了粒子的能量，再把它同从粒子径迹的磁曲率导出的粒子动量结合起来，就可以辨认出从初始相互作用中射出的粒子的质量。最后，量热计的外面，还有一些专门用于探测$\mu$子的探测室。$\mu$子像电子一样，是不受强核力作用的粒子。但它同电子不一样，不会轻易通过发射电磁辐射而失去能量（因为它大约比电子重200倍）。因此，它可以强行穿过大多数障碍物而几乎不发生什么变化。正是这种性质，使我们很难探测到它。外面的μ子探测器填满了密度很大的物质。任何能够穿过这种物质的粒子就必定是μ子了。"

"所有这些不同类型的探测器，就像一层层圆筒形的洋葱瓣那样，把加速器管道要发生碰撞的那个地段包围起来。它们必须像一组巨大的、犬牙交错的三维七巧板那样，很好地安装在一起。总的说来，这个结构有2000吨重。"

"不过，这一切都只有在加速器开动时才会发生，对吗？"汤普金斯先生说。

"当然啦！"

"但是，既然在它开动时任何人都不许下到这里来，那么，科学家们又怎么知道这里发生了什么事情呢？"

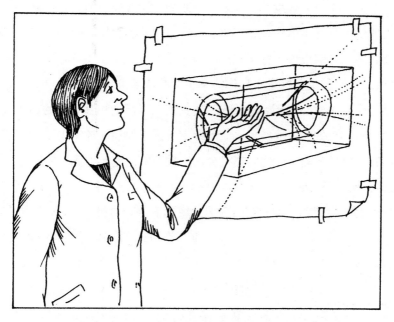

显示在遥控室里，便于物理学家进行研究

"问得好，"汉森博士评论说，"看见这些东西了吗？"她指着从探测器引出的一大堆交缠在一起的电缆说。在汤普金斯先生看来，这简直就像个挨了一枚炸弹的空心面生产车间。

"它们从各个探测器取出电子信号，把信号送到计算机。计算机对所有各种信息进行处理，并重新画出粒子的径迹。这样一来，这些径迹就可以显示给遥控室里的物理学家们进行研究。这上面就有一种他们要处理的东西。"

她对着贴在墙上的一张照片点头示意。

"你们过来仔细看看它。然后我带你们去看遥控室本身。"

汤普金斯先生一面跟着别人走，一面又不时回头看看探测器。由于这样做，他没有注意到一个维修技师卸下的一根电缆正横放在地板上，他被电缆绊了一跤跌倒了，脑袋重重地撞在地板上……

"天啊，华生①，没有时间休息了。快起来帮我一把。"

一个外表穿着很像歇洛克·福尔摩斯的人站在他面前。汤普金斯先生正想说明他的名字并不是华生，可他的注意力却被那个探测器弄乱了：探测器正在朝四面八方喷出许多粒子！这些粒子全都在地板上滚来滚去。

"快，把它们给我拣过来！你能拿多少就拿多少。"

汤普金斯先生四周环顾了一下，想找到汉森博士和参观团的其他人，但是哪里也看不见他们。他猜测，他们肯定是丢下他到遥控室去了。真是怪事啊！不过，再过一阵子，他们想必会回来找他的。这时他想，他还是迁就一下眼前这个穿着可笑的狂人为妙。

他捡起一大把粒子，把它们交给自称福尔摩斯的那个人，后者正在默默地俯视着在地板上摆开的几个整齐的粒子阵列。汤普金斯先生认出它们是熟悉的 SU（3）表象的六角形。

---

① 英国著名作家阿瑟·柯南·道尔在 20 世纪初塑造了一个善于推理的大侦探夏洛克·福尔摩斯，华生是他的搭档。——译者注

"得，自旋等于 $\frac{1}{2}$ 的有那么多。现在该是自旋等于 $\frac{3}{2}$ 、$B=1$ 的粒子了。"福尔摩斯伸出一只手说。

"对不起，请再说一遍……"

"自旋等于 $\frac{3}{2}$ 和 $B=1$ 的粒子。快过来，亲爱的朋友，别的我都已经数完了。"

汤普金斯先生完全给弄糊涂了。"我怎么知道……"

"看看这些标签。"那个大侦探厌倦地说。

一直到这个时候，汤普金斯先生才注意到，每个粒子上都贴有一个小小的标签，标签上列出该粒子的各种性质。他在粒子当中挑选了一下，把那些标明具有自旋等于 $\frac{3}{2}$ 和 $B=1$ 的粒子交给福尔摩斯，后者随即弯下腰把它们在地板上摆开。在重新进行了某些调整以后，他拉过一把椅子，坐下来研究它们。

"好了，华生，"他喃喃地说，"你是怎样看待它的？让我听听你调整这种局面的意见。"

"它看起来像个三角形。"汤普金斯先生注视着面前的图形，鼓起勇气回答道。

"你是这样看的，是吗？作为一个有自然科学头脑的人，你在识别某种不完整的事物时就做出这样的结论？"

"对了，它底边的一个顶点不见了。"

"完全正确！正像你机敏地观察到的，这个三角形并不完整。它少了一个粒子。你能帮我再找一个这样的粒子吗？"

福尔摩斯一边俯视着那个图形，一边向汤普金斯先生伸出了手。

汤普金斯先生再次在粒子当中翻来翻去，却没有找到。

"对不起，福尔摩斯。我大概是找不到它了。"

"哼！但是我依旧相信，在我们这个方向上可能有另一个粒子。根据我们暂定的假说，你认为那个失踪的粒子会有些什么性质呢?"

福尔摩斯仍然俯视着那个图形

汤普金斯先生想了片刻，"它应该具有自旋等于$\frac{3}{2}$和$B=1$吧?"

"亲爱的华生，你真是有长进了。"福尔摩斯挖苦地叹了一口气，"当然，它必定具有这些性质，要不，它就不属于这个家族了。谢谢了! 关于这个粒子，你还能告诉我一些什么呢? 我的方法你是知道的，就用用它们吧!"

汤普金斯先生不知道该怎么想。过了一会儿，他承认说："恐怕我并没有什么线索。"

"哎哟哟！"福尔摩斯暴跳起来了，"对于一个受过科学训练的人来说，这是完全显而易见的：那个失踪的粒子带负电，它没有带正电或电中性的反粒子——它是个非常特别的粒子；它的 $S = -3$（顺便说说，这是从来没有见过的奇异性数值），而质量大约等于 $1680\text{MeV}/c^2$。"

"老天爷啊，福尔摩斯，你把我吓坏了！"汤普金斯先生喊道。从他感到吃惊那一刻以来，现在他已经不知不觉地完全进入华生的角色了。

"由于它是完成这个图形的最后一个粒子，我应该管它叫 $\Omega^-$ 粒子。"福尔摩斯作出了结论。

"但是我不明白，你怎么会知道这一切呢?"

那个大人物笑了："我很乐意动用我所有的一点小小的能量来补偿你的损失。首先我问你，在那个图形中有多少个空隙?"

"一个。"

"十分正确。所以，我们要处理的只有一个失踪的粒子。其次，你认为它的奇异数有多大?"

"好的。图形中那个空隙的水准是 $S=-3$。"

"对极了。那么它的电荷呢?"

"不知道。在这个问题上，我怕是无能为力了。"

"利用一下你的观察力吧，朋友！你注意到每一行最左边的粒子带有什么电荷吗?"

"它们全都带负电。"

"这就得啦。我们的 $\Omega$ 粒子就处在它那一行的最左边，所以它必定同样带负电。"

"但是，"汤普金斯先生不同意这种说法，"那一行只有一个粒子，所以，那个 $\Omega$ 粒子也同样是处在那一行的最右边啊。"

"那又有什么？你睁开眼睛看看每一行最右边的成员吧。你注意到什么了吗？"

汤普金斯先生对它们研究了片刻，然后宣布说："啊，我明白你的意思啦。每往下一行，就少一单元的电荷，也就是 $Q$=+2，+1，0，所以最后一行必定是 $Q$=-1，这正是我们先前得出的结论。不过，后来你又说到 Ω 粒子的质量。你怎么能够大致确定它的质量有多大呢？"

"你检查一下别的粒子的质量吧。"

"好的，可是怎样检查呢？"汤普金斯先生非常狼狈地问道。

"通过心算嘛！在相邻两行之间，粒子的质量相差有多大？"

"哦，我算出在 Δ 和 Σ 之间，质量差是 152 MeV/$c^2$，在 Σ 和 Ξ 之间是 149 MeV/$c^2$。这两个质量差几乎是相同的。"

"根据这一点，我猜测在 Ξ 粒子和我们假定的 Ω 粒子之间，大概也有同样的质量差。好啦，我们该收网了。也许应该劳驾你记住这些性质，再去找找这种粒子啦。"

说到这里，福尔摩斯向后靠在椅背上，十个手指合拢在一起，然后闭上他的眼睛。

尽管汤普金斯先生被福尔摩斯这种恩赐般的态度所激怒，他却还是好奇地想知道在前面那些推论中，到底有没有一点是真实可信的。因此，他便走出去，想到探测器周围对各种散布在地上的粒子彻底搜索一遍。

但是，他还没有走到那里，就不知道从哪里出现了一群喧闹的电子。汤普金斯先生发现自己完全被它们包围了，并卷入到它们当中去。

"全体上车！"传来了一声命令。于是，所有电子便蜂拥地朝加速器奔去，推着汤普金斯先生跟它们一起走。它们进入管道，把管道塞得满满的，比交通高峰时间赶火车还要糟糕。每个人都怒气冲冲地用肘部去推别人，想给自己多占些地方。

"对不起。这是发生什么事啦？"汤普金斯先生向他身旁的电子问道。

"发生什么事啦？你是新来的还是怎么着？"

"事实上……"

"那就欢迎你加入我们这个神风队！"那个电子斜眼看着他，威吓地说。

"神风队？对不起，我不……"

但是，已经没有时间去解释了。他们的背后受到猛烈的推动，便都上了路，朝着管道的下方跑去。汤普金斯先生刚刚想到他一定会被挤进弯曲的管壁里而被挤死，却马上开始意识到有个稳定的侧向推力在迫使他离开管壁。

"啊！"他想，"这必定是偏转磁铁在起作用了。"他的背后又受到另一次推动，"而这必定是我们刚刚经过另一个加速腔。"

当他们在多次定期冲击之间继续行进时，他注意到这群电子力图设法彼此分散开来，"我认为这是由于我们全都带有负电，从而要互相排斥的缘故。"

但是，这时他们又一次突然被迫挤在一起。他猜想这肯定是由于他们正在经过一块聚焦磁铁而引起的。

突然，汤普金斯吃了一惊：从对面的幽暗处有一大群粒子正在飞也似的朝着他们冲过来。他们好不容易才没有被撞上。

"救命啊！"汤普金斯先生喊了起来。他转向他的同伴说，"你看见了吗？我是说，这是太危险了，他们是谁？"

"你是新来的，对吗？"回答声中带着嘲笑，"它们是正电子嘛！还能是谁？"

这类事件一次次重复发生：没完没了的一系列加速冲击，其间点缀着一些聚焦插曲，在整个时间内，偏转磁场一直在变得越来越强，而粒子们的能量也变得越来越大。当然，那群正电子就像在做巡回演出一样，定期从对面飞将过来。

事实上，情况开始变得非常险恶。现在，正电子们每次从旁边经过，都会大声喊出一些坏话："你们等着吧，我们这就要你们的命！"他们辱骂道。

"说真的，这是在说你们自己呢！除了你们还能有谁呢？"汤普金斯先生这边的电子也回敬了他们。不管是电子还是正电子，看来都由于期待的意识和兴奋的强度不断增加而变得十分急躁。

不过，汤普金斯先生已经不再担心了。随着加速器一圈又一圈地转，他觉得越来越头晕、恶心。突然，他的注意力被同伴传来的喃喃警告声抓住了："喂，打起精神来，要使尽全力！要出事了，祝你好运！你是需要运气帮忙的。"

汤普金斯先生正想问它是什么意思，但是已经没有这个必要了，正电子们就在他们对面，而且这一次是彼此直接头对着头奔驰。汤普金斯先生看到四周都有电子和正电子在猛烈碰撞，每次碰撞都产生一些新粒子，这些新粒子朝着四面八方分散开来。有些在碰撞中产生的新粒子刚刚出现，就马上分裂成其他粒子。最后，所有碎片全都穿过加速器的管壁而消失不见。

一片寂静。事情结束了。正电子们已经走开，剩下的全都是电子。汤普金斯先生环顾了四周以后，发现尽管发生了那么激烈的暴力事件，大多数电子就像他自己一样，全都安然无恙。

"唷，实在太走运啦！"他放心地叹了一口气，"我很高兴事情已经过去了。"

他的同伴轻蔑地瞪了他一眼。"你真叫人惊奇啊！"那个电子评论说，"你确实是什么都不懂，你就是这种人。"

这时，正电子们回来了！整个可怕的场景反复出现：第二次，然后是第三次，第四次……一段段平静的时期穿插着暴力事件。汤普金斯先生逐渐认识到，这些碰撞总是发生在管道圆环的几个固定地点上。"这必定是安放探测器的地方。"他这样猜想。

就在两群粒子再一次相遇的时候，汤普金斯先生最害怕的事情发生了——直接撞击！他没有得到任何警告就被撞飞了出去。他干净利落地穿过加速器的管壁飞到外面，在那里，正像他先前揣摩到的，探测器正在等着他呢。他只是模模糊糊地意识到后来发生的事：强烈地朝一侧偏转，一阵阵火花，一次次闪光，还有他在闯过许多金属板时的一连串撞击，最后，他终于在一块金属板里停了下来。他无法回想起他是怎样设法离开那块金属板的，他的头脑实在过于迷乱，只剩下一片茫然了。不过，他毕竟是离开了，并且发现他自己又一次来到实验大厅，处在一大堆同样从探测器漏出的其他粒子当中。

他躺在那里，开始动动手脚，试图让头脑清醒过来，这时有个忸怩的声音问道："你是在找我吗？"

最初，他并没有认识到这个问题是向他提出的，但是，当这个诱人的提问又重复了一次时，他便努力挣扎着坐了起来。

"对不起！"他瞧瞧四周，鼓起勇气说道，"请再说一遍。"

他发现正在同他说话的是那堆粒子中的一个——一个相当罕见的、外表着实异乎寻常的粒子。

"我想，我并没有找你。"他咕哝说。

"你能肯定吗？"她固执地问。

"十分肯定。"

谈话尴尬地中断了片刻。

"太遗憾了。我可以离开大伙——就一个人，至少你也可以看看我的标签嘛！"她生气地补了一句。

汤普金斯先生叹了口气，但还是顺从地照她的话做了。他读出"自旋等于 $\frac{3}{2}$，$B=1$，负电荷，$S=-3$，质量是 1672 MeV/$c^2$。"

"怎么样？"她期待地说。

"什么怎么样？"他回答说，不晓得她要的是什么东西。不过，后来他心中突然一动："老天爷啊，你是……你是 $\Omega^-$ 粒子嘛！你就是我被派出来寻找的那个粒子！我完全忘了。天啊，我找到了那个失踪的 $\Omega^-$ 粒子了！"

他非常兴奋地把她拾起来，急急忙忙地跑回福尔摩斯那里，让他看自己的战利品。

"太棒了！"福尔摩斯大声喊道，"同我猜想的完全一样。把它放到它所属的家族那里去吧！"

汤普金斯先生把它放在地板上，完成了那个三角形的十重态。福尔摩斯则掏出他那有名的黑色陶制烟斗，心安理得地靠在椅背上吞云吐雾。

"这是基本的，亲爱的华生。"他宣布说，"是基本的。"

汤普金斯先生对摆在他们面前的图形——六角形的八重态和三角形的十重态——注视了片刻，不过，这时，他开始发觉从福尔摩斯那烈性烟丝散出的气味是那么辣得呛人，他越来越被烟雾所包围。这是最不愉快的事，所以他决定还是离开此地为妙。

漫无目标地走了一会儿，他决定绕着探测器闲逛一圈。走到尽头时，他又惊奇又高兴地看到一个俯身在工作台上干活的熟悉身影。这是那个木雕匠！

"你在这里做什么？"他问道。

木雕匠抬起头来，认出他的拜访者后，他脸上露出了笑容："这不是你吗！能够再一次见到你，真是太好了。"

他们握起手来。

"还在忙着干你的上色活，我看到了。"汤普金斯先生说。

"是的。不过从上一次你来看我以后，我就搬到这里来了。"他说，"新任务。不再给质子和中子上色了。这些日子要上色的是夸克。"

"夸克！"汤普金斯先生喊道。

"对极了。它们是原子核物质的最基本的组成部分。中子和质子就是由它们组成的。"

他看着他的朋友，示意要他走近一点。"我刚才无意中听到你同上面那个大声嚷嚷的家伙的谈话，"他像在说心腹话那样咕哝说。"这是基本的，亲爱的华生，是基本的。"他挖苦地重复了福尔摩斯的话，"去他的吧，他根本就不知道他在说什么。基本的，简直是胡说！他的那些粒子完全不是什么基本粒子。把我的话传给他：夸克才算得上最基本的东西。"

"那么，你现在究竟是在干什么活呢？"汤普金斯先生问道。

"在给夸克涂上颜色啊，"木雕匠回答说，"由于新粒子是从加速器跑出来的，我得给它们的夸克上色。"他一只手拿起一把很精巧的尖头刷子，另一只手拿着一把镊子，继续说下去："这是很琐碎的活。夸克实在是太小太小了。瞧，这里是个介子，再看看里面的夸克：一个夸克，还有一个反夸克。我得像这样来处理夸克。"他一边说，一边把镊子伸进介子内部，把那个夸克夹住，"你永远无法把夸克拉出来，它们胶合在一起，粘得太牢了。不过没关系，就是它们还待在里面，我也能够非常好地给它们涂上颜色。我把夸克涂成红色，就像这一个。然后，再用另一把刷子，把反夸克涂成青色。"

"这是你过去给质子和电子所上的颜色嘛。"汤普金斯先生还记得。

"是的。正如你所看到的，这两种颜色的组合使整个介子变成白色。但是，我也可以利用其他补色的组合做到这一点：蓝色同黄色，青色同品红色（或紫色）。"他指着工作台上另一些颜料瓶说。

"而重子（像这边这个质子）是由三个夸克组合成的。所以对于重子来说，我要把每一个夸克涂成不同的原色：红、蓝和青。这是产生白色的另一种办法。要么你采用一种颜色和它的补色，要么就把所有三种原色混合起来。"

这时汤普金斯先生开起了小差，想起不久前同神父的会面。他想象泡利神父一定会接纳介子——两个对立面的联姻，但却不敢肯定他对于三个相同粒子的组合会怎样看待。

木雕匠一本正经地往下说："我想让你知道，这是一项极其重要的工作。宇宙的构造本身就取决于我在这里所做的事。给质子和电子上色，只不过是为了使它们看起来漂亮一些——在一般物理书的插图中更容易区别一些。但是，前面说到的那些却是非常重要的色。我是说，物理学家们本身就是这样称呼它们的。它们说明了为什么夸克总是互相束缚在一起——为什么它们永远不能分离。一个粒子要想能够独立，它就必须是白色的，就像我刚刚完成上色工作的质子和中子那样。这些质子和中子都放在上面的匣子里，马上就准备交货了。不过，单个的夸克却是有色的，所以它们必须永远同带有适当颜色的其他夸克黏在一块。我相信，我已经把这一切都对你讲清楚了。"

汤普金斯先生觉得他先前从那本小册子读到的某些内容，现在好像全都明白了。但是，究竟为什么粒子应该是白色的，这对他仍旧是个谜。他走到放着中子的那个匣子跟前，把盖子打开。他被核子耀眼的白色给镇住了。事实上，他被白光弄得眼花缭乱，不得不用手遮住眼睛……

"他终于醒过来了。"这是慕德的声音，"拿灯来，对不起，你把他照瞎了。亲爱的，亲爱的，你还好吗？太叫人宽慰了。我们都担心得要死。你怎么撞成这样了！现在你觉得怎么样？"

"就是那个正电子，"汤普金斯先生喃喃地说，"那个正电子击中了我。"

"有个正电子击中了他？！"有个声音问道，"他是这样说的吗？"

"脑震荡，"另一个声音宣布说，"他患了脑震荡。真是一塌糊涂！我们得把他送去医疗站。现在他需要先休息一会儿，我们把他前额的伤口包扎一下吧！"

# 16  教授的最后一篇演讲

女士们、先生们：

1962 年，默里·盖尔曼和尤瓦尔·尼曼分别独立地认识到，可以根据 SU（3）群把各种粒子归纳成一些家族图形。

他们发现，并不是所有家族图形都是完整的，其中有一些空隙。从这方面说，这种情况同门捷列夫早先在编制其原子元素周期表时所面临的局面非常相似。门捷列夫也发现元素的表现可以排成一些周期循环的图形，如果他给当时还没有发现的元素留下一些空位，通过考察这些空位旁边的元素的性质，他便能够预测那些未知元素的存在和它们的本质。现在，历史再次重演了：盖尔曼和尼曼也根据三角形十重态中的一个空位，预测出 $\Omega^-$ 粒子的存在和它的具体性质。1963 年，粒子的伟大发现使科学家们完全相信 SU（3）对称群是站得住脚的。

门捷列夫周期表通过揭露元素之间的关系，暗示了它们的内部结构：应该把各种元素看作是用同一个题材写成的不同类型的作品。这种看法后来在原子结构理论中得到了证实，根据这个理论，一切原子都是由一个原子核及其周围的电子组成的。

1964 年，盖尔曼和兹威格指出，粒子所表现出的相似性和家族图形同样是某种内部结构的反映。他们认为，当时被当作"基本粒子"的 200 多种粒子，事实上很可能是由更为基本的组成部分构成的合成物。这些组成部分被叫作夸克。目前，大家都相信夸克是真正的基本粒子。它们被看作是不具有由"亚夸克"组分组成的内部结构的点状物。但是，谁知道是不是这样呢？我们也可能又一次被证明是错误的！

最初的方案是根据当时已知的三种类型或者说有三种味的夸克制订的。这三种夸克是上夸克、下夸克和奇夸克。前两种夸克之所以这样命名，是因为它们的同位旋采取朝上和朝下的方向。奇夸克的名称则出于它带有新发现的一种物理性质——奇异性。20 世纪 70 年代，人们辨认出带有另外两种性质（粲性和底性）的粒子，到了 90 年代，又辨认出另一种性质（顶性）。于是，后来的方案就必须把带有新发现的性质（另外三种味）的夸克包括进去。所有这 6 种夸克的性质都在表 1 中列出。

除了这 6 种夸克以外，还有 6 种反夸克，它们的各个量子数全都与表 1 所示的值相反。例如，奇夸克 s 的反夸克 $\bar{s}$ 的 $Q = +\frac{1}{3}$，$B = -\frac{1}{3}$，$S = +1$。

**表 1　夸克的各种性质**

| 夸克 | $Q$ | $B$ | $S$ | $c$ | $b$ | $t$ |
|---|---|---|---|---|---|---|
| d | $-\frac{1}{3}$ | $\frac{1}{3}$ | 0 | 0 | 0 | 0 |
| u | $\frac{2}{3}$ | $\frac{1}{3}$ | 0 | 0 | 0 | 0 |
| s | $-\frac{1}{3}$ | $\frac{1}{3}$ | −1 | 0 | 0 | 0 |
| c | $\frac{2}{3}$ | $\frac{1}{3}$ | 0 | 1 | 0 | 0 |
| b | $-\frac{1}{3}$ | $\frac{1}{3}$ | 0 | 0 | −1 | 0 |
| t | $\frac{2}{3}$ | $\frac{1}{3}$ | 0 | 0 | 0 | 1 |

表中 $Q$ 是电荷，$B$ 是重子数，$S$ 是奇异数，$c$ 是粲数，$b$ 是底数，$t$ 是顶数，而竖行中的 d、u、s、c、b、t 分别代表下、上、奇、粲、底、顶等 6 种夸克。

这些夸克和反夸克可以合成高能碰撞中产生的所有新粒子。重子是由 3

个夸克（q，q，q）构成的。因此，举例来说，质子是（u，u，d）的组合，中子是（u，d，d），而$\Lambda^0$是（u，d，s）。你们可以从表 1 中查出，上面这些组合确实产生了各种粒子所具有的性质（例如，质子的 $B$=+1，$Q$=+1）。

反重子是由 3 个反夸克（$\overline{q}$，$\overline{q}$，$\overline{q}$）组成的，这就使得重子和反重子具有截然相反的性质。

那么，像π介子这类介子呢？介子是由一个夸克和一个反夸克（q，$\overline{q}$）组合构成的。例如，$\pi^+$介子是（u，$\overline{d}$）的组合。你们可以再一次从表 1 中查出，这种组合正好给出$\pi^+$介子的全部性质：$B$=0，$Q$=+1。

我必须指出，并非所有粒子都是由夸克构成的。只有重子和介子才有这样的结构。事实上，我们把所有这类粒子统称为强子。强子能感受强核力的作用；而另一些类型的粒子，像电子、μ子和中微子等，就不是这样了，它们统称为轻子。其实，"重子"和"轻子"这两个名称可能并不太准确，它们是根据粒子质量的轻重定下来的。但是，我们目前已经知道，有一种轻子——τ 粒子——比质子还要重一倍，根本就不是什么"轻"粒子！因此，最好是根据粒子到底是强子（会进行强相互作用的）还是轻子（不感受强核力作用的），来对它们进行描述。

到目前为止，我们只谈到被束缚在强子里的夸克。那么，自由夸克是什么样的呢？它们应该是很容易根据它们的分数电荷（$Q=\dfrac{1}{3}$或$Q=\dfrac{2}{3}$）而被辨认出来的吧！

尽管人们尽了最大的努力，却从来没有人见到过自由夸克。即使是在最高能的碰撞中，也从未发射出夸克来。这就要求物理学家对它作出合理的解释了。

有一种想法曾流行一时，即夸克并不是真实的东西，而只不过是数学上的玩意儿——一种有用的虚构物。是粒子的表现使人觉得它们似乎是由夸克构成的，但并没有现实的夸克这种东西。

　　但是，后来人们却无可争议地证明了夸克的真实性，这是历史重演的又一个例子。请大家回想一下，1911 年卢瑟福爵士是怎样通过把子弹（α粒子）射入原子并观察到某些大角度反弹，从而证明原子核的存在的吧。这是因为大角度的反弹表明，入射粒子在原子中撞上了一个很小的密实的靶（原子核）。1968 年，人们开始有可能把高能电子射入质子的内部，并开始积累了电子偶尔发生大角度侧向反弹的证据，这表明电子撞上了质子内部某种很小的密实的带电物体，从而证实夸克的确是存在的。不仅如此，从这种大角度散射的频率出发，就可以计算出在质子内部有 3 个夸克。

　　好了，既然确实有夸克存在，那么，为什么它们从来不单独出现呢？此外，我们还必须再提一个问题：为什么我们只能得到（q，q̄）和（q，q，q）的组合，而得不到像（q，q̄，q）和（q，q，q，q）那样的组合呢？为了解释这个问题，我们得转而谈谈夸克之间的作用力的本质。

　　首先我们要回顾一下，氢原子的质子和电子之间的吸引力是怎样由质子和电子所带电荷之间的静电作用力引起的。这样，通过类比，我们要引入另外一种"荷"。我们假定夸克就带有这种"荷"（此外还带有电荷），而强力就是由于这种"荷"之间发生相互作用而引起的。我们把这种"荷"叫作色荷，为什么这样叫，以后大家就会明白。

　　就像正负电荷会互相吸引一样，正负色荷也会互相吸引，不过其作用力要强得多。我们假定夸克带有正色荷，而反夸克带有负色荷，这就解释了为什么容易出现介子的（q，q̄）组合的原因。我们再一次通过同静电场的类比，假定同性的色荷互相排斥，这就说明了不存在（q，q̄，q）组合的原因。正如靠近氢原子的第二个电子不会附在氢原子上，是因为它对质子的吸引力被它对已经处在原子中的那个电子的排斥力抵消掉了一样，第二个夸克也不会附在介子上，因为它受到介子中已有的另一个夸克的排斥。

　　不过，你们大概想问：那么，你怎么解释（q，q，q）的组合呢？这里我们必须注意到电荷和色荷之间的差异。电荷只有一种，它可以是正的，也可以是负的；而色荷却有三种，其中每一种都可以是正的，也可以是负的。我们管它们叫作红、绿、蓝（即 r，g，b），其原因马上就要讲清楚（不过，现在我得立刻强调指出，它们同日常生活中的颜色并没有什么关系）。既然色荷有三种，便出现了一个问题：在带有不同种色荷的夸克之间（例如带红色的 $q_r$ 和带蓝色的 $q_b$ 之间）会发生哪种相互作用呢？答案是：它们会互相吸引。由于（$q_r$，$q_g$，$q_b$）组合中的三个夸克各自带有不同的颜色，而每一个夸克都受到其他两个夸克的吸引，所以这时的吸引力非常强大，能使（$q_r$，$q_g$，$q_b$）结合得特别牢固，特别稳定，因而就产生了重子。

为什么不会出现（q，q，q，q）的组合呢？因为色荷只有三种，所以第四个夸克所带的色荷必定与已经存在于重子里的三个夸克当中的某个夸克相同，这样一来，它就会受到带有同一种色荷的夸克的排斥。结果，这个斥力正好同另外两个带有不同色荷的夸克对第四个夸克所施加的吸引力抵消掉了，因此，第四个夸克就不能加入重子的组合。

说到这里，大家可能开始明白为什么要用"色荷"这个名称了。正如原子整个说来一般是电中性的那样，我们说，容许的夸克组合也应该是色中性的，或者说应该是"白色"的。把颜色混合成白色的方法有两种：或者是把一种颜色同它的补色（或负色）结合在一起；或者是把三个原色结合在一起。而这两种方法正好是把几种色荷结合成完全色中性的组合（介子和重子）的法则。

现在，我们来作个小结：夸克带有色荷 r、g 或 b 的正值，而反夸克则带有这些色荷的负值（即互补值）$\bar{r}$、$\bar{g}$ 或 $\bar{b}$。同性的色荷互相排斥，例如，r 排斥 r，$\bar{g}$ 排斥 $\bar{g}$；而异性的色荷互相吸引，所以 r 吸引 $\bar{r}$，等等。最后，不同种类的色荷也互相吸引。

我们还得再提出一个问题：为什么不存在独立的夸克呢？为了回答这个问题，我们必须更深入地了解色力的本质，事实上也是了解各种作用力的本质。

量子物理学认为，粒子间的相互作用并不是连续而是分立的，按照这一理论，我们认为一种作用力——任何一种作用力——从一个粒子传递给另一个粒子的机制，牵涉到第三个中介粒子的交换。从根本上说，我们可以认为粒子 1 朝着粒子 2 的方向射出那个中介粒子，在这个过程中，粒子 1 会发生一次反冲，就像枪支在射出子弹时会朝着与子弹运动相反的方向反冲那样。粒子 2 在接受中介粒子时，也吸收了它的动量，从而向后退离粒子 1。这种交换的整个效果是迫使两个粒子分开。当那个中介粒子从粒子 2 回到粒子 1时，上述过程又重复了一次，也再一次迫使两个粒子分开。其净效应是两个粒子互相排斥，也就是说，它们都受到一个斥力。

那么，引力是怎么回事呢？实际上是同样的机制在起作用，不过，如果大家坚持要进行类比的话，这一次我们必须认为粒子并不是射出子弹，而是扔出一个飞去来器①! 粒子 1 朝着背离粒子 2 的方向射出中介粒子，从而经受到一次朝着粒子 2 的反冲；而粒子 2 这时则从相反的方向接受到中介粒子，所以也被推向它的同伴。

在两个电荷之间产生电作用力的场合下，中介粒子是光子。由于一再交换光子，两个电荷或是互相排斥，或是互相吸引。

事情既然如此，我们就不禁要问：夸克之间的强相互作用力是不是也可以用交换某种中介粒子来解释呢？答案是肯定的，夸克也是通过交换一种叫作胶子的中介粒子而在强子中束缚在一起（我想，我无须再说明胶子这个名称的来源了吧）。胶子有 8 种不同的类型。其所以如此，是因为在交换胶子的过程中，夸克要保持它们的分数电荷和分数重子数，还要能够交换它们的色荷。胶子在被第一个夸克射出时，带走了这个夸克原来的色荷，但是，夸克是不能够没有颜色的，因此，在它失去原来的颜色的同时，它就要带上第二个夸克的颜色。而那个胶子在到达第二个夸克时，会把这个夸克原来

---

① 飞去来器是澳大利亚土人使用的一种飞镖，它在扔出以后绕了一圈还会飞回来。——译者注

的色荷抵消掉，同时把从第一个夸克带来的色荷转交给它。这样，交换胶子的净效果是两个夸克交换了色荷。

要使这种转换能够发生，胶子就必须既带有某种色荷，又带有与之互补的色荷。举例说，胶子 $G_{r\bar{b}}$ 将带有色荷 r 和 b，它可以参加下面的转换过程：

$$u_r \longrightarrow u_b + G_{r\bar{b}} \text{ 接着是 } G_{r\bar{b}} + d_b \longrightarrow d_r$$

这里有三种色荷和三种互补色荷，因此，色荷和互补色荷之间便可以有 3×3=9 种不同的可能组合。这些组合分成一个八重态和一个单态（大家应该还记得，前面在把介子归入 SU（3）表象时，我们已经介绍过八重态和单态）。胶子的单态对应于 $r\bar{r}$，$b\bar{b}$ 和 $g\bar{g}$ 等组合，由于它是色中性的，它不会同夸克发生相互作用，因此我们便不再考虑它。这样便只剩下八重态，也就是说，总共有 8 种胶子。

像光子一样，胶子是没有质量的；但是，和光子不同，光子本身并不带有电荷，而胶子——正如我们刚刚指出的——却带有色荷。因此，胶子不但能同夸克发生相互作用，而且在胶子自身之间也是如此。这就显著地改变了它们所传递的作用力的特性。电作用力会随着电荷间距离的增大而减弱（即反比于电荷间距离的平方而减弱），而色力却始终具有相同的值，与距离无关（除非色荷彼此靠得非常近，这时色力会变得几乎不再存在——就像一条橡皮筋的两端靠在一起时它会变得疲软没劲那样）。因此，当两个夸克靠在一起时，它们之间只有非常小的作用力，但是，当距离增大时，这个力就会达到一个固定不变的值。

现在请大家记住这一点，跟着我回到为什么没有发现单独的夸克这个问题上来。假定我们试图把两个夸克分开。由于它们之间存在着固定的作用力，为了使它们的距离增大，就必须使用越来越多的能量。最后，你会达到这样一个时刻，就是你为了拉断那条把两个夸克连在一起的纽带所使用的能量，已经大到足以产生一个夸克—反夸克对。这时就会发生以下情形：那条纽带突然断开了，并且产生了一对夸克和反夸克。在新产生的这对夸克和反夸克中，那个反夸克立即与被拉出的夸克凑在一起，并组成一个介子，而那个夸克却留在强子里取代了旧夸克的地位。这种情况与你拿着一根磁铁试图把它的南、北极分开时所出现的情形非常相似。在把磁铁分成两半时，新的南、北极产生了，留下的是两根磁铁，你完全没有达到取得单独的磁极这个目标。同样，断开夸克之间的纽带也不会产生单独的夸克。

我们曾经说过，质子和中子都是色中性的，并且在它们之间存在着一种吸引力。正是这力对抗着原子核中带正电的质子之间的静电斥力，使原子核粘得很牢而不致散开。为了理解核子之间怎么会出现这种强相互作用力，让我们回忆一下原子是怎样组成复杂的分子的——尽管各个原子本身都是电中性的。这种作用于各个原子之间的所谓范德瓦耳斯力之所以能够产生，是由于其中每一个原子里的电子都发生重新排列，从而使它们受到属于其他原子的原子核的局部吸引，这样就产生了一种能把各个原子结合在一起的外部剩余力。与此相似，一个核子里的夸克也能够用这种方式进行自我调整，从而产生了一种能够吸引邻近核子的组成部分的外力——尽管每一个核子都不具有净色荷。因此我们知道，作用于核子之间的强力也可以看作是组成它们的夸克之间的更为基本的胶子力的"泄漏"。

这样一来，强作用力（或者说胶子力）便在自然界各种不同的作用力之间占有一席之地。说到万有引力、电力和磁力，它们都是长程力，因而能产生很容易观察到的宏观效果，这里只要提出行星的轨道和无线电波的发射这两个例子就够了。但是，强作用力却是短程力，它的作用距离只有 $10^{-15}$ 米，也就是同原子核的尺寸一般长。正是强力的这种短程性质，使得它要难以发现得多。

现在我想再为大家介绍另一种力——弱相互作用力。其实，就它的内禀强度而言，它并不比电力和磁力弱；它之所以显得弱，是因为它的作用距离甚至比强力还要更短：只有 $10^{-17}$ 米。不过，虽然它的作用距离受到这样大的限制，它在自然界中却扮演着重要的角色。我们可以举一条核反应链作为例子，这就是氢（H）能够聚合变成氦（He），同时释放出能量。这些核反应发生在太阳上，并且是太阳的能源。在下面几个反应中，第一个反应就是由弱相互作用引起的：

$$p + p \longrightarrow {}^2H + e^+ + \nu_e$$
$$^2H + p \longrightarrow {}^3He + \gamma$$
$$^3He + {}^3He \longrightarrow {}^4He + p + p$$

式中，$\gamma$ 是名叫 $\gamma$ 射线的高能光子，$^2H$ 是由一个质子和一个中子组成的氘核，而 $\nu_e$ 是中微子。

弱力也是自由中子发生衰变的原因：

$$n \longrightarrow p + \overline{e} + \overline{\nu}_e$$

式中，$\overline{\nu}_e$ 是反中微子。

顺便说一下，你们大概会觉得奇怪，这一切关于"作用力"的议论，难道同粒子的相互转变有什么关系吗？也许我应该说明，只要有粒子彼此产生影响（不管是以什么方式产生的），物理学家们就总是把它说成"作用力"或"相互作用"所产生的结果。这种说法不但适用于运动发生变化的场合（即我们日常想到有某种力在起作用时），而且也适用于粒子改变其身份的场合。

前面我已经提到过，与强子不同，无论是电子还是中微子都不感受强力的作用，这是因为它们都不带有色荷。中微子甚至也不感受电力的作用——它不带任何电荷。中微子从来不同其他粒子相互作用这个事实表明，我们必须考虑另一种类型的相互作用——弱相互作用力。

我们说，e 和 $\nu_e$ 是"电子型轻子"，它们的电子型轻子数等于+1，其中每一种粒子分别有其反粒子 $e^+$ 和 $\overline{\nu}_e$，后者的电子型轻子数等于−1。就像在强子的场合下重子数 $B$ 必须守恒那样，轻子数这个量子数在相互作用中也是守恒的，不信的话，你们可以核对一下前面那几个反应式。在谈到弱相互作用力时，由于 e 和 $v_e$ 具有相同的轻子数，它们之间并没有任何差异。

那么，我们为什么说它们是电子型轻子呢？原因在于，自然界中还有 $\mu$ 子和 $\mu$ 子型中微子，以及 $\tau$ 子和 $\tau$ 子型中微子。这些粒子各有它们那种类型的轻子数，后者在反应中也必须守恒。这样一来，我们就可以想到，这些轻子组成了 3 种双重态。

夸克也组成双重态。正如我们先前所说，质子和中子组成一种同位旋双重态（即同一种粒子——核子——的不同带电状态），所以，组成 p 和 n 的 u 夸克和 d 夸克也组成一种双重态。其他夸克也是这样：s 和 c 组成一种双重态，t 和 b 组成另一种。

事实上，在夸克的同位旋双重态与轻子的"弱同位旋"双重态之间存在着一种联系：它们一起组成了 3 个代，如表 2 所示。

表 2  夸克双重态和轻子双重态的 3 个代

| 代 | 第一代 | 第二代 | 第三代 | 电荷 |
|---|---|---|---|---|
| 夸克 | u | c | t | $\frac{2}{3}$ |
|  | d | s | b | $-\frac{1}{3}$ |
| 轻子 | $e^-$ | $\mu^-$ | $\tau^-$ | $-1$ |
|  | $v_e$ | $v_\mu$ | $v_\tau$ | $0$ |

像强相互作用那样，在弱相互作用中，电荷、重子数和轻子数这些量子数也总是守恒的。但是，与强相互作用不同，在弱相互作用中，夸克的味不必守恒。因此，举例来说，中子（u，d，d）衰变成质子（u，u，d），是因为中子的一个 d 夸克改变了自己的味而变成稍稍轻一点的 u 夸克，同时发射出多余的能量。对于带有 t、b、c、s 等夸克的强子来说，情况也是这样。这些强子一旦在高能碰撞中产生，它们的 t、b、c、s 等夸克立即转变成不同味的较轻夸克。例如，奇异粒子 $\Lambda^0$（s，u，d）的衰变

$$\Lambda^0 \longrightarrow p + \pi^-$$

就是由于它的 s 夸克转变成 u 夸克。这正是新产生的粒子不可能长期存在的原因：它们一产生出来，便马上衰变成比较轻的粒子。这也正是为什么组成我们这个世界的物质几乎全部由两种最轻的夸克 u 和 d 加上电子构成的原因。

为了进一步认识弱相互作用力，我们得稍稍回顾一下前面所走过的路。当我第一次谈到自然界中不同的作用力时，我是把电力和磁力分开的。这确实是它们最初被观察到的情况——它们表现为不同类型的力。19 世纪 60 年代，正在奋力工作的天才麦克斯韦把当时已知的全部电现象和磁现象收集在一起，并且认识到它们全都可以用一种单一的力——电磁力——来加以解释。

但是，这种对不同的力进行统一的过程并没有就此停止。温伯格（1967 年）和萨拉姆（1968 年）在格拉肖①早期工作的基础上，成功地建立了一个完美的理论，把电磁力和弱相互作用力看作是一个单一的力——电弱力——的不同表现形式，从而把它们统一起来。

要想能够做到这一点，就必须假定弱力像我们已经讨论过的其他力一样，也是通过交换某种粒子来传递的。温伯格他们的理论预言说，起这种作用的粒子有 3 种，即 $W^+$ 粒子、$W^-$ 粒子和 $Z^0$ 粒子。但是在当时，这 3 种粒子都还没有被发现。

1983 年，人们发现了这些粒子，成功地证明了以上这些理论。同其他新粒子一样，这 3 种粒子也是不稳定的，比方说，它们会按照下面的方式衰变：

$$W^- \longrightarrow e^- + \bar{\nu}_e \ \text{或} \ Z^0 \longrightarrow \nu_e + \bar{\nu}_e$$

$Z^0$ 粒子的衰变特别有趣，它不仅能衰变成（$\nu_e + \bar{\nu}_e$），而且还能衰变成（$\nu_\mu + \bar{\nu}_\mu$）、（$\nu_\tau + \bar{\nu}_\tau$），或除当时已知的 3 种中微子以外，可能存在的其

---

① 温伯格（Steven Weinberg），1933～2021，美国物理学家；萨拉姆（Abdus Salam），1926～1996，英国物理学家；格拉肖（Sheldorn Lee Glashow），1932～ ，美国物理学家。他们 3 人因正文中介绍的工作而共同获得 1979 年的诺贝尔物理学奖。——译者注

他类型的中微子—反中微子对。$Z^0$粒子的衰变渠道越多，它就会衰变得越快。这样一来，$Z^0$粒子的寿命就提供了一种灵敏有效的手段，可以确定究竟会有多少种中微子—反中微子组合。对 $Z^0$ 粒子寿命的测量表明，实际上只有 3 种中微子，也就是我们已经发现的那 3 种。由此可以作出结论说，轻子的双重态也只有 3 种。

不仅如此，由于轻子双重态同夸克双重态组成 3 个代，我们就有理由推论说，夸克双重态大概也只有 3 种。换句话说，夸克的味只限于 6 种。这是非常重要的。夸克一直有一种令人困惑的特点，那就是每一种新发现的夸克总要比之前发现的那些更重一些，次序是 u（5MeV），d（10MeV），s（180MeV），c（1.6GeV），b（4.5GeV），t（180GeV）。较重的夸克意味着由它构成的强子也会比较重，而强子越重，也就越难以产生。这就引起了人们的关注：是不是可能还有一些未知之味，我们之所以从来没有发现它们，只不过是因为从物理上说，我们还不拥有足够产生它们的能源（在高能物理学的预算里，耗尽地球的有限资源之前，我们还能建造成多大的同步回旋加速器呢）？不过，感谢 $Z^0$ 粒子的帮忙，目前这个问题已经不复存在了，我们完全有理由相信，自然界中只存在我们已经发现的 6 种味。

因此，基本粒子一览表就变成这样了：

（ⅰ）6 种夸克和 6 种轻子；

（ⅱ）12 种中介粒子，其中包括 8 种胶子、光子、$W^\pm$粒子和 $Z^0$粒子。

这样一来，我们便得到了粒子物理学的所谓标准模型——这个理论概括了我们所提到的一切构成自然界的组成部分和它们之间的作用力。到今天为止，所有做过的实验都验证了这个理论。

那么，将来会怎样呢？

有一条重要的研究路线是打算把各种力统一起来。正如电力和磁力首先得到统一，然后这个合成的电磁力又和弱力联合在一起那样，也许有朝一日，人们会认识到，电弱力和强力也是同一种相互作用的不同表现形式。目前已经发现，当能量变得越来越高时，强力和弱力的强度却会降低，而电磁力的强度却会增大，它们似乎将在某一点上会聚起来。按照当前流行的理论，当能量达到 $10^{15}$GeV 左右时，所有这几种力将有可相比拟的强度。如果这一点被证明是正确的，那么我们就会知道，我们所碰到的是一种单一的大统一力（我觉得这个名称有点太笼统，但是，人们就是这样称呼那种力的）。

这里有一个问题：$10^{15}$GeV 是永远无望在实验室里产生的能量（能产生这种能量的同步回旋加速器将是太大太大了）。目前我们所能达到的能量极限是 $10^3$ GeV。但是，希望仍然存在。尽管这样高的能量条件是无法达到的，人们依旧期望在普通能量条件下能出现一些有价值的剩余效应。

例如，有人曾提出一种使质子经过很长时间进行衰变的理论方案，其衰变的模式是

$$p \longrightarrow e^+ + \pi^0$$

目前，人们正在寻找质子有没有这种不稳定性的表现，但直到今天，还没有一个人发现它。尽管如此，大家还是认为研究质子的衰变，可能是我们在不必再现超高能的条件下，能够探索大统一的方方面面的一种办法。

但是我应该指出，虽然我们不能在实验室里创造这种超高能的条件，然而这样的条件却曾经一度出现过。我指的是大爆炸发生的瞬间后，宇宙所出现的状态。在那个时候，宇宙是由各种基本粒子密集混合而成的，这些粒子一面进行随机运动，一面互相碰撞。当时的温度极高，也就是说，粒子的碰撞可以用我们刚刚提到的那种异常高的能量来加以描述。

因此，我们可以想象到，在宇宙的早期状态中（这里的"早期"是指大爆炸后大约 $10^{-32}$ 秒内），温度为 $10^{27}$K，而能量为 $10^{15}$GeV。那时，强力、电磁力和弱力全都具有相同的强度。此后，由于宇宙发生膨胀，它便逐渐冷却下来。这时可用于进行碰撞的能量比较小，并且比较难以产生较重的粒子。

这又意味着，各种不同的作用力开始获得它们的特殊性。我们把这种情形称为对称自发破缺。

让我来作个类比吧！当水冷却到冰点以下时，它就会发生相变，形成冰晶体。尽管在液体的条件下，所有方向都是等效的，但晶体却有非常确定的晶轴。这就是说，在结晶的过程中，它必须在空间选定某些方向作为晶轴的方向。不过，这些方向并没有任何特殊意义，因为它们的选择是非常任意的。在水中某个地方形成的第二块晶体几乎必然会采取某种别的取向。因此，虽然晶轴是晶体的一个非常明显的特点，但是它们的取向并没有任何根本性的意义。它们只不过是掩盖了这样一个事实，即在基本的水准上，所有的方向都是等效的，具有完美的旋转对称性。我们说，水的这种原有的对称性变得无规了，或者说它"自发破缺"了，现在对称性完全隐藏起来了。

作用力的情况也是这样。当相互作用粒子的混合物冷却下来时，它同样经历了某种"相变"。这时强力、弱力和电磁力的十分不同的特点变得非常显著——正是这种差异，使这些力在我们最常碰到的低能条件下显得如此各不相同。但是我已经说过，这些差异并没有什么重要的意义，我们不应该被它们所蒙蔽而忽视这些力共有的基本对称性——大统一力的对称性。

遗憾的是，我知道时间快到了。我可以介绍的东西还很多。例如，关于基本粒子为什么会得到它们所具有的质量的问题，我还完全没有谈到。另一个很有意思的话题是有关磁单极子。大家都知道，你无法把磁棒折断成两半而产生磁单极子，然而，这并不妨碍我们用别的办法去产生它。这种可能性是狄拉克最先提出的，目前大统一理论也在预言磁单极子的存在。

至于如何扩展标准模型的范畴，有个名叫超对称性的理论看起来很有前途。它提出一个问题：如果把被交换的中介粒子（如胶子、光子、W 粒子和 Z 粒子）当作一方，而把进行交换的粒子（夸克和轻子）当作另一方，那么，这双方之间的差别是不是真的像我们过去所表达的那么泾渭分明呢？

最后，我还想提一提超弦的问题，这种理论认为，基本粒子（夸克和轻子）虽然表现得好像是点状物，但它们事实上并不是点，而是非常微小的"弦"。预计它们小得无法置信，其长度不大于 $10^{-34}$ 米，但却起着非常重要的作用，它们并不是我们过去所想象的那种简单的点。

大家都知道，现在我们正带着最后这几个课题到臆想王国中去闯荡。其中是不是有哪个理论在将来某个时候会得到认可，并像今天的标准模型那样成为定论呢？对此，目前谁也不敢说什么。我们只有拭目以待。

# 17 尾 声

这是个酷热的夏日——在户外的花园里坐坐是最理想不过了。不过，现在黄昏正在降临。由于光线不足，汤普金斯先生放下了他在阅读的那本书。

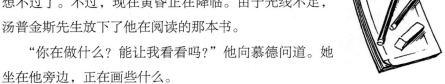

"你在做什么？能让我看看吗？"他向慕德问道。她坐在他旁边，正在画些什么。

"我跟你说过多少次了，我不喜欢把还没有完成的工作拿给别人看！"她回答说。

"在这样暗的光线下画画会把眼睛弄坏的。"他补充说。

她抬起头来："要是你一定想知道，我就试一试把我关于这座雕塑的想法告诉你。"

"谁的雕塑？"

"为那个实验室设计的雕塑。"

"什么实验室？你都在说些什么呀？"

"就是我们参观过的那个实验室啊……"她停了一下，然后接着说，"啊，亲爱的，我忘了告诉你啦，实在对不起！那天在你到护士那里去包扎伤口的时候，我同公关部的头头里奇特先生聊了起来——只是为了消磨时间等你回来。我开玩笑地对他说，他应该在前院——参观中心的外面——竖立一座雕塑。他说，他自己也常常想到这一点。我顺便把我的工作告诉他。他似乎对烧焦的东西（用喷灯烧焦的）特别感兴趣。他认为这种东西可能有助于人们理解高温、高能、猛烈碰撞和诸如此类现象的意义。所以,这座雕塑应该作为那里所进行的那类工作的象征。它不能只是任何一种常见的老一套的雕塑。"

"那么,你是说,你已经得到建造这座雕塑的委托了?"汤普金斯先生兴奋地问道。

"天啊,不!"慕德笑了,"现在还没有。我得先画出草图,提出我的想法,估定资金预算。他们也可能让别人试一试。咱们只有等着瞧啦。对于我关心物理学这件事,他似乎很感兴趣。他认为这有助于我提出一些中肯的意见。当然,他已经知道我爸是什么人,这对我也有好处。"她笑了起来。

她把她的草图放在一边。两人一起凝视着夜空刚出现的第一颗昏星。

"你有没有想一想,你放弃物理学这件事是不是做对了?"汤普金斯先生问道。

她想了片刻:"像那样一次参观,确实会叫人去好好想一想,要不要做些像抢占科学前沿和诸如此类的事。不,这不是真的。啊,我敢肯定地说,我有很多时间可以参加那样一种领域的工作——一切都非常富有魅力,非常引人入胜。但是,我不知道我能不能做到。参加一些巨大的研究组,进行一些按计划要花 5 年、6 年或者 7 年才能完成的实验……我想,我是没有耐心去做这种事的。"

"我就一直忘不了那家伙——那台加速器,它实在是太大了。"汤普金斯先生喃喃地说,"想一想也觉得可笑:你想去考察的物体越小,你所需要的机器却越大。"

"我觉得可笑的是,为了了解物质的最小组成部分,你却得去考察整个宇宙。反过来也是这样,认识宇宙的关键,却在于考察其最小组成部分的性质。"

"你这话指的究竟是什么?"

　　"我指的是全部研究早期宇宙中的对称自发破缺的工作。而这一切全都牵涉到宇宙暴涨理论，它说明了为什么宇宙的密度接近临界密度的原因。你知道，我曾经同你说过这件事，别告诉我你已经忘了。"

　　"不，不！我还记得。不过，我不敢肯定我是不是已经弄清了它们之间的关系……"汤普金斯先生显得有点茫然。

　　她接着往下说："你回想一下，在谈到使各种作用力呈现出它们各自不同的性质的相变时，爸爸是怎样说的。他说，那有点像形成冰晶体时的情形。"

　　他点点头表示同意。

　　"好了，水冻结成冰时会膨胀。宇宙的情形也是这样：随着它的冷却，同样发生了相变，这时宇宙便进入了一种超速膨胀状态——我们管它叫作'暴涨'状态，然后，膨胀的速度逐渐减慢，直到变成我们今天所看到的膨胀方式。暴涨的时间只持续了 $10^{-32}$ 秒，但它绝对是至关紧要的，正是在这段时间内产生了宇宙的绝大多数物质……"

　　"不好意思，"汤普金斯先生打断了她的话，"绝大多数物质？可是我认为，宇宙中的全部物质都是在大爆炸的瞬间产生的呀。"

　　"不，在最开始时只有一小部分物质存在。大多数物质都是在那瞬间以后的极短暂的时间内产生的。"

　　"这是怎么回事呢？"

　　"听着，你当然知道当冰变成水时会释放出能量——熔化潜热。在发生暴涨相变时也是这样：它同样会释放出能量，而这些能量就用于产生物质。不仅如此，当时产生物质的机制，又正好使得所产生物质的数量恰巧能达到临界密度。你已经知道临界密度的意义有多么重大了。"

　　"是的，临界密度控制着宇宙的未来。"汤普金斯先生答道，"星系的膨胀速度将不断减慢，直到最后完全不再膨胀。不过，那是非常非常遥远的将来才会发生的事了。"

"说得对！所以说，无论是想知道宇宙物质的起源，还是要预测宇宙遥远的未来，关键都在于了解基本粒子物理学，也就是微观物理学。此外，我们还知道，要想得出密度达到临界的结论，目前宇宙中的大部分物质必须是暗物质。这种物质是由什么东西构成的，我们现在还不知道。它可能是中微子获得了质量而产生的结果。另一种可能性是：它有一部分是由大爆炸时，各种相互作用中遗留下的某些未知的、具有质量的弱相互作用粒子组成的。我们目前只希望通过对高能物理学的研究，能够解答上面这些问题。"

"我明白你的意思啦。"

"而从另一个意义上说，这种交叉研究的做法同样是很起作用的。要想检验基本粒子在大统一能量中的表现，唯一的办法就是找到它们在大爆炸早期的行踪，因为在宇宙的整个历史中，只有在那个时候才存在（或者即将存在）那种大统一能量。"

汤普金斯先生思考了片刻。

"把一切事物联系在一起，这种做法确实太重要了。"他心满意足地咕哝说，"原来，我在那一系列讲座中学到的东西全都是有联系的：基本粒子同宇宙学，高能物理学同相对论，基本粒子同量子理论。我们生活的这个世界是多么奇妙啊！"

"在你列出的清单上，还可以添上宇宙学同量子物理学。"慕德说，"你回想一下，量子物理学是在最小的范围里才起到最大的作用，而宇宙在开始时就是很小的。所以在最最开始时，负主要责任的就是量子物理学。

"就拿宇宙微波背景辐射来说吧。乍一看来，这种辐射似乎是均匀的，也就是说，它在各个方向上全都相同。但是，这种看法并不十分正确。如果这种辐射是完全均匀的，那就意味着，发出这种辐射的物质也必定是均匀的。但是，事情却不是这样。如果在物质密度的分布中丝毫没有一丁点儿不均匀性，那么，也就不存在任何凝聚中心可以使物质后来围绕着它们形成星系和星系团。事实上，不均匀性是存在的，其程度大约是十万分之一，非常小，但却至关紧要。正是这样小的不均匀性，为宇宙安排下大规模结构的图形，使宇宙中出现了星系团和超星系团，以及星系本身。"

"目前有一个难以判断的问题：是什么东西在控制这种原始不均匀性的分布呢？由于宇宙的尺度在开始时非常之小，人们便想到，这种不均匀性必定是在量子涨落中产生的。如果一旦能证明，整个宇宙的大规模结构确实是这种最为微小的涨落方式的反映，那就真的太振奋人心了……"

她的声音逐渐低下来——从旁边靠椅上传过来的平稳的鼾声，提醒她不必再继续说下去了。

# 名 词 浅 释

**加速器** 一种利用电场对带电粒子进行加速的机器。粒子的径迹常常由磁场弯曲成圆形。见同步加速器。

**α 粒子** 由两个中子和两个质子结合在一起而组成的氦原子核。

**反粒子** 每一种粒子都有它的反粒子，反粒子的质量和自旋与粒子相同，而某些其他性质，诸如电荷、重子数、奇异性、轻子数等等，则具有与粒子相反的值。

**原子** 有一个原子核，其周围围绕着电子云。

**重子** 由三个夸克组成的强子。

**重子数（$B$）** 一种用来标示基本粒子的量子数，例如，夸克的 $B = +\dfrac{1}{3}$，而反夸克的 $B = -\dfrac{1}{3}$。

**大爆炸理论** 一个已得到公认的理论，按照这个理论，宇宙是在大约120亿年前由一个能量密度极大的点爆炸而产生的，从那个时候开始，宇宙就一直在膨胀和冷却。

**黑洞** 由万有引力场产生的一个物质高度凝聚的区域，其引力强度极高，以致就连光线也无法从这个区域逃逸出去。

**底数（$b$）** 一种用来说明有多少夸克带有底味的量子数。

**荷** 粒子带有若干种不同的（载）荷（电荷、色荷、弱荷等），它们决定了粒子以什么样的方式与其他粒子相互作用。

**粲数（$c$）** 一种用来说明有多少夸克带有粲味的量子数。

**化学元素** 天然存在着不同的化学元素，每一种元素都有其独有的原子。各种原子所拥有的电子数及其原子核中的中子数和质子数都不相同。

**色荷** 夸克与胶子之间的色力源。色荷分为三种，通常用红、绿、蓝三色表示。

**色力** 夸克与胶子之间的作用力。

**守恒律** 物理学的一个定律，它规定在粒子之间发生相互作用时，某些量（如电荷、重子数等等）的总数量保持不变。

**宇宙本底辐射** （背景辐射）大爆炸火球冷却后的残留物。它以微波波长的热辐射的形式出现，与它相对应的温度是 2.7K。

**临界密度** 这是标志着宇宙未来可能有的两种不同前景的分界线的平均物质密度。两种前景是：宇宙或者永远一直膨胀下去，或者有朝一日膨胀会被收缩所取代。如果宇宙暴涨理论是正确的，那么宇宙的密度就应该等于这个临界值（$10^{-26}$ 千克/米$^3$）。

**暗物质** 通常是指宇宙中那些不发光的物质。通过对星系和星系团的运动进行研究，就可以推断出这种物质的存在。

**探测器** 一种可以使人看到带电粒子的径迹的仪器。利用不同的技术，可用云室中的小水滴、气泡室中的气泡、火花、闪烁等标出粒子的路径。今天的探测器所用的方法不断增多，甚至能够辨识出不同粒子的种类。

**氘核** 氢的同位素氘的原子核，这种原子核由一个质子和一个中子组成，而不像普通的氢那样只有一个质子。

**衍射** 这是表现波动行为的一种性质。波在通过障碍物的缝隙时，会向外扩散并落在障碍物的几何阴影上。

**电荷** 粒子的一种属性，正是这种属性产生了粒子之间的电相互作用力。电荷分正电荷和负电荷两种，同电相斥，异电相吸。例如，质子带有一个单位的正电荷，电子带有一个单位的负电荷，因而两者互相吸引。

**电子** 质量最轻的带电轻子，是原子的组成部分。

**电子伏**（eV） 一种能量单位，1电子伏相当于一个电子被加速通过1伏电势差所需要的能量。

**电磁力** 带电粒子所受到的电力和磁力，目前已经知道，它们是同一种力的两种不同的表现形式，所以统称为电磁力。

**电磁辐射** 带电粒子受到加速时所发出的辐射。

**电弱力** 目前已经知道，电磁力和弱力是同一种力的两种不同的表现形式，所以统称为电弱力。

**等效原理** 这个原理断定加速度与引力是等效的。举例来说，这种等效性使我们观察到，所有物体在地心引力的作用下都以同样快的速度降落。这是爱因斯坦的广义相对论的一个特点。

**基本粒子** 组成一切物质的最根本的粒子。严格地说，这个名词只适用于夸克和轻子，但是把范围放宽一类，它也指质子、中子、其他重子和介子。

**能态**（分立的） 根据量子理论，每个粒子都有一个伴随波，其波长决定着该粒子的动量，因而也决定着它的能量。就像任何别的波那样，当这种波被局限在一定的空间区域内时，它的波长只能取某些一定值。因此，一个被约束的粒子（例如原子中的电子），其能量就只能取某些分立的值。

**熵** 热力学中用来衡量粒子系统的无序度的一种性质。

**事件视界** 在黑洞外围的空间中靠想象画出的一个表面，处在这个表面内部的任何物体（包括光线）都永远无法逃逸出去。

**交换力** 由于交换中介粒子而在基本粒子之间产生的作用力。例如，电磁力是由于交换光子而产生的，色力是由于夸克之间交换胶子而产生的。

**不相容原理** 这是泡利所提出的原理，它断定任何两个电子都不能占有同一个能态。

**膨胀宇宙** 从大爆炸开始，宇宙就一直在膨胀着。根据哈勃定律，各个星系团都在彼此退行，星系团之间的距离越大，它们的退行速度就越快。

**场** 一种物理量，它的值在空间逐点发生变化（在时间中可能也是这样）。两个粒子是由于在它们各自的位置上感受到对方所产生的场，才发生相互作用的，场的种类有电磁场、弱场和强（色）场等。

**味** 一种用于区别不同种夸克的量。夸克有上夸克、下夸克、奇（异）夸克、粲夸克、顶夸克和底夸克等几种。

**频率** 在单位时间内，振动次数或周期运动的循环次数。

**冻结混成度** 当大爆炸后，密度和温度降低到原初核合成不能再进行下去时，由大爆炸产生的各种不同原子核的相对丰度，有时也称为"原初核丰度"。

**星系** 一般是 1000 亿个恒星由引力约束在一起而成的集体。在可以观察到的宇宙中，大约有 1000 亿个星系。

**γ 射线** 一种频率非常高的电磁辐射。

**代** 两个夸克和与之伴随的两个轻子的组合物。代，分为三种，即（u，d，$e^-$，$v_e$）、（c，s，$\mu^-$，$v_\mu$）和（t，b，$\tau^-$，$v_\tau$）。

**胶子** 能够发射强色力的粒子。胶子有 8 种可能的色态。

**大统一理论** 这种理论设想电磁力、弱力和强力可能是同一种力的不同表现形式。

**引力势能** 粒子的能量中，由于粒子在引力场内的位置而产生的那部分能量。

**引力红移** 当电磁辐射逃离（比方说）某个恒星表面发出的引力场时，其频率发生的移动。而当电磁辐射落向引力场时，其频率则向光谱的蓝端移动（蓝移）。

**强子** 所有感受到强核力的粒子（如质子和π介子）的统称。

**宇宙热寂理论** 这种理论提出，所有恒星最终都会耗尽维持它发光的核燃料，到那个时候，整个宇宙将会变冷，并且没有任何生命生存。

**氦** 第二轻的化学元素，它的原子拥有两个电子，而它的原子核就是所谓的 $\alpha$ 粒子。

**海森伯测不准关系式** 这个关系式表明，即使是从原理上说，人们也无法同时完全精确地测定粒子的位置 $q$ 和动量 $p$。这两种测不准度的乘积是一个有限的量，它至少与普朗克常数 $h$ 属于同一数量级，即 $\Delta_{p粒子} \times \Delta_{q粒子} \simeq h$。

**高能物理学**　也就是基本粒子物理学，之所以这样命名，是出于利用高能粒子束的需要。

**氢**　最轻的化学元素，它除了有一个电子之外，还有一个仅含单个质子的原子核。

**暴涨理论**　这个理论认为，在大爆炸瞬间的最初 $10^{-30}$ 秒内，宇宙经历了一个超速膨胀的状态，然后才逐渐减速到目前的膨胀速率。尽管暴涨的时间是如此短暂，它却确保宇宙的密度能够达到临界密度值，从而决定了宇宙最终的命运。

**波的干涉**　当两个（或更多个）波束的波峰和波谷在同一个空间区域叠合时，这两个波动就会相加起来。如果一个波束的波峰正好同另一束的波峰完全重合（这时两组波谷也完全重合），那么，所产生的干涉就叫作相长干涉。如果一个波束的波峰正好同另一个波束的波谷重合，那么，所产生的干涉就是相消干涉。干涉会使两束波的合成强度出现特殊的花样，它可用来证明这时起作用的是波，而不是粒子。

**离子**　比其正常组成多（或少）一个电子的原子，因此，这样的原子便带负电（或带正电）。

**同位旋**（$I_z$）　基本粒子所具有的一种量子数，它与该粒子的电荷有关。其所以称为同位旋，是因为它在数学上的表现方式与量子理论中的自旋相似。

**尺缩**　根据爱因斯坦的狭义相对论，相对于某个观察者运动的物体，在观察者看来，它沿着运动方向的长度会表现得似乎缩短了一些。

**轻子**　所有受到弱力（而不是强核力）作用的粒子的统称。换句话说，这样的粒子不带色荷。轻子包括电子、$\mu$ 子、$\tau$ 轻子及与这些粒子相关的中微子。

**轻子数**　与轻子有关的一种守恒的量子数。对应于三种轻子，有三个轻子数。

**磁单极子**　一种只带有一个磁极（或是北极，或是南极）的粒子。人们在理论上预料有这样的粒子，但到目前为止还没有发现它。

**质量**　粒子的一种内禀性质，它决定着粒子对加速力的反应。有时也把它称为惯性质量。

**矩阵力学**　量子理论的一种可用的公式体系，它是利用矩阵构成的。

**麦克斯韦的妖精**　为了否定热力学第二定律而假想出来的、能把运动快的粒子和运动慢的粒子分离开的精灵——热力学第二定律要求熵总是在不断增大。

**介子**　由一个夸克和一个反夸克组成的粒子。

**分子**　化学物质的最小单元，由束缚在一起的数个原子组成。

**μ子**　一种属于第二代的轻子。

**中微子**　一种电中性的粒子，它的质量非常小，也有可能等于零。中微子有三种，分别与三种不同的轻子相对应。

**中子**　原子核的电中性组成粒子，它本身由三个夸克组成。

**核裂变**　重原子核分裂成数个较轻的原子核。

**核聚变**　数个较轻的原子核聚合而变成比较复杂的原子核。

**核子**　组成原子核的中子和质子的统称。

**核合成**　即核聚变过程，通过这个过程产生了化学元素的原子核。原初核合成是在大爆炸最初几分钟内极其激烈的条件下发生的，恒星的核合成则是恒星很热的内部区域中的原子核发生进一步的聚变，而爆炸性核合成主要发生在超新星爆炸的时候。

**原子核**　原子的中心部分，由中子和质子组成。

**对的产生**　高能光子产生一个电子和一个正电子的过程。这个名词也适用于同时产生一个夸克和一个反夸克、一个质子和一个反质子等的过程。

**粒子**　这是一个不太严格的名词，它既指强子（如质子和π介子），也指更基本的实体——夸克和轻子。

**光电效应**　高能的紫外线光子撞击金属表面而发射出电子的过程。

**光子**　光的粒子，或称光量子，是电磁辐射的一种形式。交换光子是产生电磁力的原因。

**π介子**　最轻的介子。带电的π介子会衰变成一个μ子和中微子，而电中性的π介子则衰变成两个光子。

**普朗克常数（$h$）**　在海森伯测不准关系式中出现的一个基本物理常数，它的值为 $h = 6.626 \times 10^{-34}$ 焦·秒。

**正电子**　电子的反粒子。

**势垒**　一个带正电的粒子在接近原子核时，首先会受到原子核中质子的正电荷所产生的越来越强的静电斥力的作用。但在更进一步深入时，它就会进入强核力的吸引区，最后核力占统治地位，对粒子产生全面的吸引作用。因此，粒子的行为就好像是先朝着一个堡垒走去，然后克服了这个堡垒。

**概率云**　泛指数学上的概率分布的一个不太严格的名词，它说明在原子核周围的不同区域内找到一个电子的可能性有多大。

**概率波**　这是用来确定在给定的时间、给定的空间区域内找到一个量子的概率的数学波的名称。

**质子**　组成原子核的带正电粒子，它本身由三个夸克组成。

**量子**　这种粒子或者是物质的基本组成部分（如夸克和轻子）之一，或者是负责传递作用力的中介粒子（如胶子和光子）。

**量子数**　基本粒子所具有的性质，如重子数和轻子数等等。在粒子间发生反应时，量子数一般应该守恒。

**量子理论**　我们现代认识任何非常小的物体（同原子一般大或更小）的行为所创立的理论，有时也称为量子力学或波动力学。它表明在描述辐射时，需要把波的行为和粒子的行为结合起来使用：当辐射从一个地方向另一个地方运动时，要用波的行为来描述它，而当辐射与物质相互作用，并交换能量和动量时，则要用粒子的行为去描述它。

**夸克**　所有各种强子的基本组成部分，夸克有 6 种，或者说有 6 种味，它们成对地分成 3 个代。

**类星体**　一种具有极为明亮而且强烈活动的核心的星系。类星体是在宇宙历史的早期形成的。由于它们发出的光需要很长的时间才能到达我们这里，所以今天观察到的类星体都在非常遥远的地方。

**放射性核衰变**　重原子核自发地转变成较轻粒子的过程。

**红巨星**　像太阳这样的恒星发展到后期所成的星体，这时它们的体积胀大，其表面变成红色。

**广义相对论**　在爱因斯坦的这个理论中，万有引力在数学上被处理成时空曲率。

**狭义相对论**　在爱因斯坦的这个理论中，空间和时间被结合起来，成为四维的时空。其结果是：当所涉及的物体的速度接近于光速时，其效应会与经典物理学所预期的效应大不相同。

**时空**　这是一个四维连续统，正如狭义相对论所描述，它是由空间和时间结合而成的。

**光谱**　显示出电磁辐射的各个组成波长的图形。由于原子中的电子只能具有某些特定的能量值，所以，电子在从一个能级跃迁到另一个能级时所发出的辐射，便显示为由不连续的波长所表征的谱线——这些波长对应于初态与末态之间的能量差。

**分光镜**　一种根据其组成波长来显示电磁辐射的仪器。

**光速**（$c$）　光（以及所有没有质量的粒子）在真空中以 300 000 千米/秒的速度运动。按照狭义相对论，对于所有处在匀速相对运动中的观察者来说，这个速度都是相同的（但是，当存在着万有引力场或者光通过物质运动时，光速可以偏离上述值）。

**自旋**　某些粒子所具有的内禀角动量。

**对称（性）自发破缺**　当物理系统朝向较低能态运动时，其基本对称性发生破损的情形。例如，就空间中的方向而言，液态水是对称的，但当它冷却而形成冰时，有些方向便被优先选为晶轴的排列方向。但是，这些方向并没有什么深层的意义，因为它们只是随机地，或者说是自发地被选定的。与此相似，人们认为电磁力和弱力具有一种只有在高能情况下才变得比通常条件下更为明显的对称性。

**标准模型**（标准理论）　正如本书所说和人们所公认的，整个有关夸克和轻子及它们之间的作用力的理论，已被看作我们目前对高能物理学认识得最彻底的理论。

**定态宇宙理论**　有一段时期很流行的一种与大爆炸理论相对抗的宇宙理论。这个理论认为，如果在任何空间区域内有一些星系消失，那么，在它们原来的位置上就会自发地产生新的物质。这些新物质会聚合在一起而形成新的恒星和星系，而后者又会移向远方而消失。这样一来，宇宙就会永远保持不变的普遍性质。这个理论目前已面临被抛弃的危险，因为所有的证据都有利于证明大爆炸的存在。

**奇异数**（$S$）　这个量子数说明有多少个夸克带有奇异味。

**强核力**　在强子间占有统治地位的作用力。例如，核子结合成原子核就是这种力在起作用。把分子中的各个原子结合在一起的力，是每一个原子中作用于电子与原子核之间的静电力的"泄漏"，与此相似，现在人们把强核力看作是作用于夸克之间并使它们组成核子的更为基本的色力的"泄漏"。

**超新星**　质量非常大的恒星发生爆炸性的崩解，有时这种崩解会导致其内部核心发生坍缩而形成黑洞。

**超弦**　最近有一种想法认为，夸克和轻子并不像普遍设想的那样是点状的实体，而是由一些极其细微的振动弦组成的。

**超对称性**　按照这种想法，传递作用力的被交换粒子（如胶子和光子）和进行交换的粒子（如夸克和轻子），其性质和作用并没有什么不同，而过去人们普遍认为它们是不同的。

**SU（3）表象**　由群论（数学中专门描述对称性的分支学科）产生的一种特征表示法。已经发现，这种表示法与强子的分类法等效，能分出由关系非常密切的粒子组成的八重态和十重态。这种对称性表示法反映了强子的基本夸克结构。

**对称性**　由于一个圆在转动时不会发生变化，所以我们说圆是一种对称的图形。与此相似，如果某个物理理论在进行运作时保持不变，我们就说这个理论具有对称性。

**同步回旋加速器**　这种粒子加速器能同步地调整加速电力和导向磁力的强度，使它们同被加速粒子不断变化的性质相匹配。

**τ 轻子**　属于第三代的带电轻子。

**时延**　按照爱因斯坦的狭义相对论，相对于某个观察者运动的物体（如宇宙飞船或放射性粒子），会表现得好像它的时间过程变慢了一样。

**顶数（$t$）**　这个量子数说明所出现的夸克有多少个带有顶味。

**统一理论**　这种理论企图把各种不同的力解释成一个公有的力的不同表现形式。例如，静电力和磁力只不过是电磁力的两种不同的表现，而电磁力又同弱力结合而产生电弱力。大统一理论则力图把电弱力和强力统一起来。人们还希望最后能达到进一步的统一，即把万有引力也结合到这个理论中来。

**价电子**　原子外围被束缚得不太紧的电子，它们能局部受到邻近原子的原子核的吸引，从而产生把数个原子束缚在一起成为分子的结合力。

**波函数（$\psi$）**　量子理论中用来描述粒子运动的一种数学表式。它用于以粒子的其他属性的特定值去计算在给定的时间、给定的空间区域内找到该粒子的可能性。

**波长**　在一个波列中相邻两波峰或相邻两波谷之间的距离。

**W 粒子和 Z 粒子（W，Z）**　在强子和轻子之间传递弱力的粒子。W 粒子带有电荷，而 Z 粒子则是电中性的。

**弱力**　自然界中的基本作用力之一，举例来说，它是某几种放射性核衰变的起因，它通过 W 粒子和 Z 粒子的交换而在强子和轻子之间传递。

**白矮星**　像太阳这样的恒星在结束其红巨星的发展阶段之后，它的外层就会脱落，暴露出其白热的内部核心。到一定的时候，它便冷却，变成很冷的岩石。

**X 射线**　波长很短的穿透性电磁辐射。

**零点能**　一个物理系统所能具有的最低能量。按照量子理论，这个能量应该是有限的，即不等于零。举例来说，原子中的电子在空间中占有一个有限的位置。对于位置的这种局部认知，排除了精确知道电子动量的可能性（由于海森伯测不准关系式），这就意味着我们无法认定电子的动量（因而连它的能量）精确地等于零。

# 读者感言摘录

* 经典物理学科普读物，让我这门外汉打开了另一扇认识世界的窗户。珍藏版印制精美，最新修订版又将最近一些年这方面的最新研究成果融入进去。翻译老师也是认真负责，难得的经典翻译，非常值得对这方面感兴趣的读者阅读。

* 20世纪科普经典特藏丛书，三师联袂，五部名著，启蒙世界，照亮文明。科学佳作比比皆是，但只有他们能让大众读者如此兴致勃勃地去了解那个离他们有点远的科学世界。

* 非常好的科普作品，作者是获得诺贝尔物理学家的伽莫夫。通过此书深入地看离我们那么遥远的物理世界，领略20世纪最重要的科学思想。

* 中学的时候读过，非常好，写得非常有趣，故事讲得好，道理说得也很明白，尤其是前面相对论的有关章节，非常不错。我反对人们把《时间简史》这样的书当成科普读物来读，勉强去读的结果就是一头雾水之后随意地曲解。科普读物好的不多，这本《物理世界奇遇记》值得一读。

* 多方比较选择了科学出版社，果然没有让我失望，书的质量非常好，翻译得超棒，满意。